中学入試 まんが攻略BON!
算数

図形

Gakken

中学入試 まんが攻略BON!
算数 図形
もくじ

★プロローグ ……………………………………… 4
★この本の効果的な使い方 ……………………… 6

① 三角形の内角の和 ……………………………… 8
▶入試問題に挑戦!! ①三角形の内角と外角 ②正三角形と二等辺三角形の角

② 三角形の面積 …………………………………… 16
▶入試問題に挑戦!! ①三角形の面積 ②高さの等しい三角形

③ 三角形の面積の比 ……………………………… 25
▶入試問題に挑戦!! ①高さが等しい三角形の面積の比 ②3つの三角形の面積の比
　　　　　　　　　③4等分した三角形の面積の比

④ 四角形の分割 …………………………………… 35
▶入試問題に挑戦!! ①長方形の面積を2等分する直線
　　　　　　　　　②正方形と長方形を組み合わせた図形を2等分する直線

⑤ 四角形の部分面積 ……………………………… 43
▶入試問題に挑戦!! ①紙の大きさを半分に切っていく ②正方形の面積を半分にする

⑥ 正方形の内接円 ………………………………… 52
▶入試問題に挑戦!! ①正方形の中の正方形と円の面積 ②正三角形の中の正三角形の面積
　　　　　　　　　③正方形の外側で接する円の面積

⑦ ひもが動く面積 ………………………………… 62
▶入試問題に挑戦!! ①犬が動くことのできる面積
　　　　　　　　　②ひものはしの点が動くことのできる面積

⑧ 正方形の中の四角形の面積 ……… 71
▶ 入試問題に挑戦!! ①正方形の中の四角形の面積 ②正方形の紙を折って正方形をつくる

⑨ ふしぎな多角形の面積 ……………… 80
▶ 入試問題に挑戦!! ①正六角形の分割 ②複雑なもようの面積
③正方形を4本の直線で分ける

⑩ 半径と円周の関係 …………………… 90
▶ 入試問題に挑戦!! ①2つの半円の周の長さの差 ②トラックコースの長さの差

⑪ 円周の和 ……………………………… 99
▶ 入試問題に挑戦!! ①外側の円と内側の円の円周の和 ②半円の弧の長さの和

⑫ 円柱を登る最短距離 ………………… 108
▶ 入試問題に挑戦!! ①特別な直角三角形の面積 ②円柱にまきつけた糸の長さ
③円柱への紙のまきつけ

⑬ 円すいのふしぎな性質 ……………… 118
▶ 入試問題に挑戦!! ①円すいの展開図 ②円すいの表面上の最短距離
③円すいの表面上にかけた糸の最短の長さ

⑭ 一筆がきができる図形 ……………… 128
▶ 入試問題に挑戦!! ①一筆がきを始める点 ②一筆がきができる図形とできない図形
③一筆がきでかく場合の数

⑮ すい体の体積 ………………………… 138
▶ 入試問題に挑戦!! ①角すいの体積 ②円柱から円すいをくりぬいた立体の体積
③立方体の一部を切り取った立体の体積

◆サンとスーの秘伝の書
「図形を解くコツ」5か条 ……………………………………… 149

プロローグ

旅の秘伝
この本の効果的な使い方

1 まんがで楽しく算数の図形がわかる！

　この本は，図形の「角度，面積，体積，線の長さを求める」といった入試問題でよく出る問題が，まんがでわかりやすく理解できるようにくふうされている。サンとスーのナゾ解きを読みながら，図形の解き方がスイスイ身につくぞ！

　また，ところどころにある マメ知識▶ でも理解を深めよう！

2 「重要」を見のがすな！

　まんがの中には，問題を解くポイントになる 重要 がある。ここをしっかりつかんでおけば，図形の問題でどう考えればよいかがばっちり理解できる！

3 入試問題を解いて，実力をつけよう！

　まんがを読んだら，「ココを押さえておこう」で要点を理解し，『入試問題に挑戦』で実際に中学入試で出された問題を解いてみよう！
　解き方▶▶▶を読んで解法ポイントを確認すれば，入試で役立つ実せん力がしっかり身につくぞ！

※解き方と答えは，編集部が独自に作成したものです。

なるほど これは役に立ちそうだスな！

秘伝のうらにはこんなのもあるぜ。

旅の秘伝（うら）
旅で出会う仲間たちとアイテム

●**ナッちゃん**
魔界に住む。
ときどき現れて
旅を共にする。

●**ピーチクちゃん**
天空のナゾへと導く鳥。
「ピーチク」としか
しゃべらない。

◆**電気ムチ**
一発で魔物を倒す
威力を持つらしい。

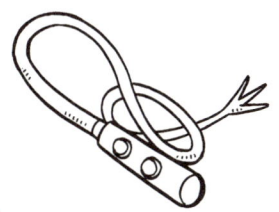

◆**魔のカギ**
魔物が大切に
しているカギ。

こうしてサンとスーは，秘宝を手に入れるため，ダイヤグラム島へと旅立ったのだった！

ようし，行ってくるぜ！！

第1のナゾ 三角形の内角の和

三角形の内角の和は，本当に180°なのか？

1. 三角形の内角の和

1. 三角形の内角の和

マメ知識▶「三角形の内角の和が180°である」ことは、紀元前の数学者ピタゴラスが証明したものだ。ピタゴラスは、このほかにも多くの業績を残しているよ。

1. 三角形の内角の和

1. 三角形の内角の和

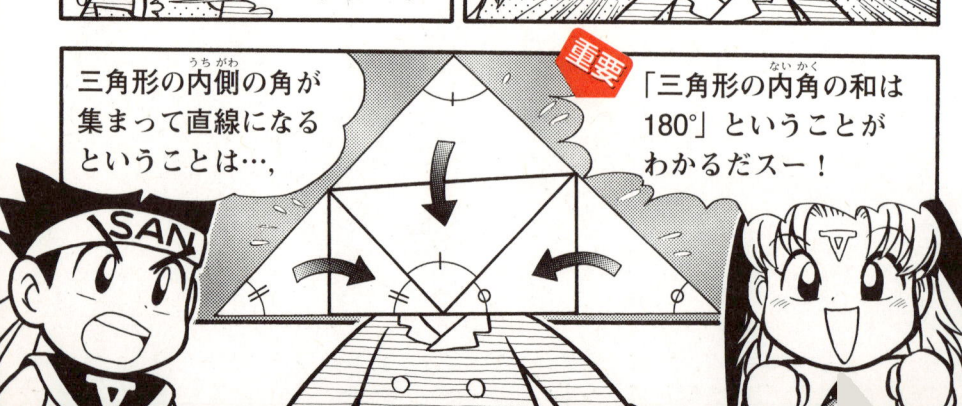

1. 三角形の内角の和

> マメ知識 ▶ 図形の問題を解く力をつけるには，手を動かしながら考えることも大切だよ。いろいろな三角形を作って，実際に試してみよう。

入試問題に挑戦!! 三角形の内角の和

ココを押さえておこう!

● **三角形の内角と外角**
(1) 三角形の3つの内角の和は180°である。
(2) 三角形の外角は、それととなり合わない2つの内角の和に等しい。
→右の図で、角う＝角あ＋角い

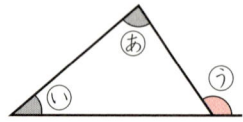

● **二等辺三角形**
二等辺三角形の2つの底角は等しい。
→右の図で、角い＝（180°−角あ）÷2

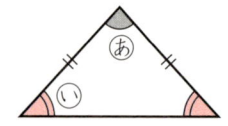

1 三角形の内角と外角

右の図で、角 x と角 y の大きさを求めなさい。

〈トキワ松学園中〉

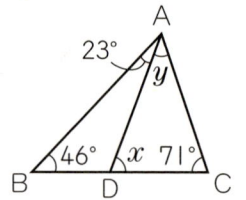

解き方 ▶▶▶

◆ 三角形ABDの内角と外角の関係より、
角 $x = 23° + 46° = 69°$

◆ 三角形ADCで、
角 $y + 69° + 71° = 180°$ → 角 $y = 180° − (69° + 71°) = 40°$
（下線部が x）

答え 角 x … 69°、角 y … 40°

解法ポイント
角 y は、三角形ABCの内角の和からでも求めることができる。

2　正三角形と二等辺三角形の角

右の図は，正三角形と直角二等辺三角形を組み合わせたものです。このとき，角㋐と角㋑の大きさを求めなさい。

〈京都教育大附京都中〉

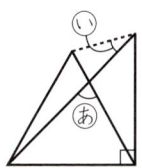

解き方 ▶▶▶

◆ 右の図で，三角形ABCは正三角形だから，
角ACB＝60°
三角形DBCは直角二等辺三角形だから，
角BDC＝45°

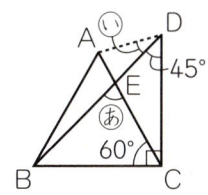

◆ 角ACD＝90°−60°＝30°

◆ 三角形ECDの内角と外角の関係より，
角㋐＝角EDC＋角ECD＝45°＋30°＝75°

◆ AC＝BC＝DCより，
三角形ACDは，AC＝DCの二等辺三角形だから，
角ADC＝(180°−30°)÷2＝75°
角㋑＝角ADC−角EDC＝75°−45°＝30°

答え 角㋐…75°，角㋑…30°

解法ポイント

辺BCは正三角形と直角二等辺三角形の辺であることに着目すると，三角形ACDは二等辺三角形になる。このことを利用して，角㋑の大きさを求める。

第2のナゾ 三角形の面積

三角形の面積と高さの関係を利用する！

そびえ立つダイヤグラム島のカベ。ここをこえなければ，先に進むことはできない。どうするサンとスー！

こ…ここを登らないといけないのか？

そのようだスな…。

ムリだぜこんなまっすぐなカベじゃぁ。

おっ！はしっこの方はカベがナナメになってるぜ!!

2. 三角形の面積

2. 三角形の面積

2. 三角形の面積

もし答えられなかったら…。

そうれ
わしのはく糸で
花嫁衣装を
作ってあげるなり。

うわっ！

スーを嫁にもらうなり!!

は？

花嫁衣装ができるまでに答えるなり〜〜！

完成予想

しゅるるる

こ…こら！　花嫁衣装にいっしょにつつまれるなり〜。

ええ〜い！

そんなことはオレが許さん！

サン…。

次のページを読む前に、きみもこの問題の答えを考えてみよう！

2. 三角形の面積

2. 三角形の面積

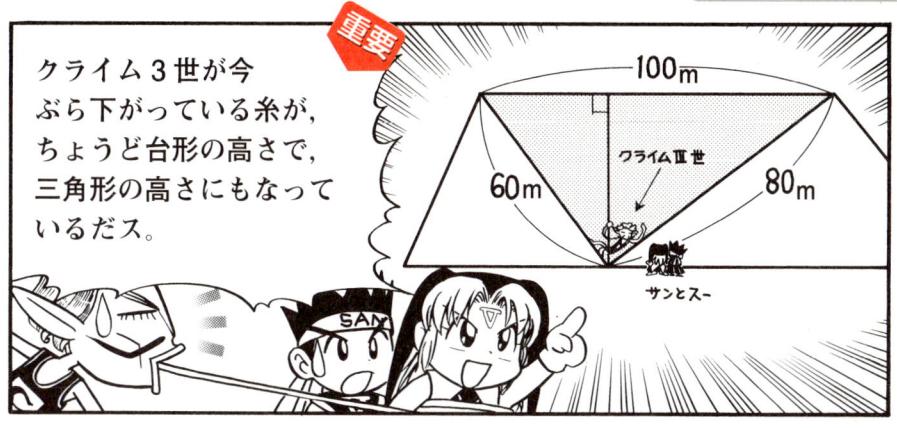

クライム３世が今ぶら下がっている糸が，ちょうど台形の高さで，三角形の高さにもなっているだス。

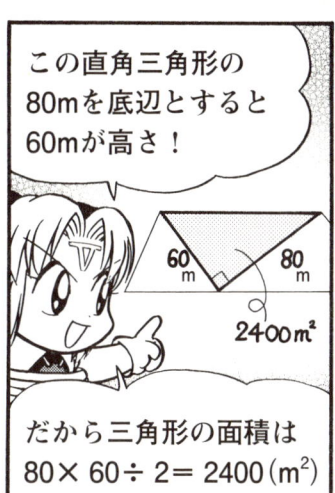

この直角三角形の80mを底辺とすると60mが高さ！

だから三角形の面積は 80×60÷2＝2400（m²）

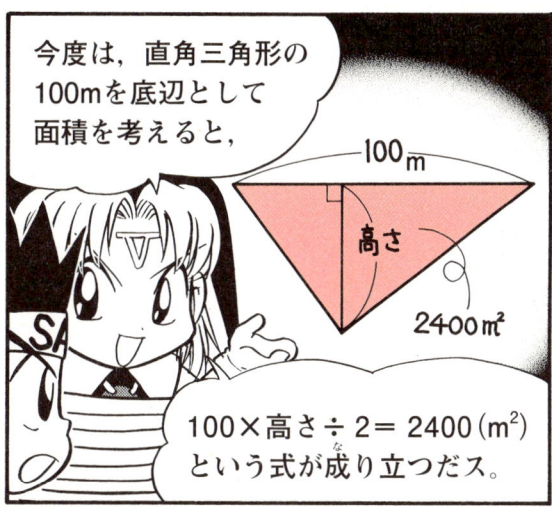

今度は，直角三角形の100mを底辺として面積を考えると，

100×高さ÷2＝2400（m²）という式が成り立つだス。

これを計算すると 100×高さ＝2400×2 となって，さらに

高さ＝4800÷100 となる！

つまり…。

このカベの高さは48mだス～～！

2. 三角形の面積

ぎえええっ
ナゾは解けたり〜〜。

カベ貴族は消えた。

カベから光!

カギあなだス!

もしかして
このカギを
さしこめば!

開いた!

ナゾの手紙と地図を手に入れた
サンとスー。しかし, 行く手には
暗い森が広がっている。はたして,
ふたりは, どこに向かうのか!?

手紙と地図
だス。

入試問題に挑戦!! 三角形の面積

⊕ ココを押さえておこう！⊕

● 三角形の面積

三角形の面積＝底辺×高さ÷2

➡ 右の図で，
三角形ABCの面積
＝AB×CD÷2
＝BC×AE÷2
＝AC×BF÷2

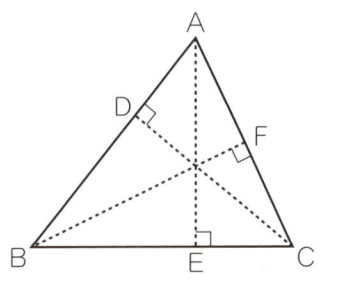

1 三角形の面積

右の図の斜線部分の面積を求めなさい。

〈東海大付相模中〉

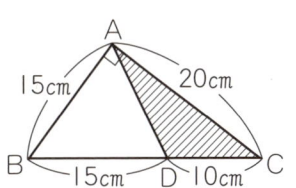

解き方 ▶▶▶

◆ 点Aから辺BCに垂直に引いた直線をAHとすると，三角形ABCの面積より，
20×15÷2＝(15＋10)×AH÷2
➡ AH＝20×15÷25＝12（cm）

◆ 斜線部分の面積は，10×12÷2＝60（cm²）
　　　　　　　　　　　底辺　高さ

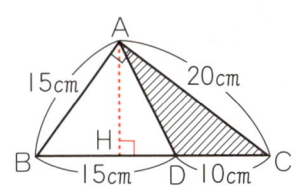

答え 60cm²

解法ポイント

三角形ABCの底辺をACとしたときと，BCとしたときの2通りの面積の関係から，三角形ABCの高さ（AH）を求める。

三角形の面積

2 高さの等しい三角形

右の図のかげをつけた部分の面積を求めなさい。ただし，辺ADと辺BCは平行です。

〈玉川学園中〉

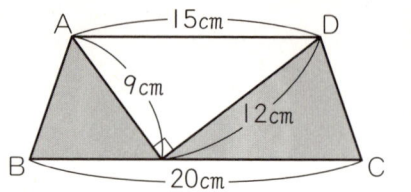

解き方 ▶▶▶

◆ 右の図の三角形AEDで，点Eから辺ADに垂直に引いた直線をEHとすると，三角形AEDの面積より，
　　$12 \times 9 \div 2 = 15 \times EH \div 2$
　➡ $EH = 12 \times 9 \div 15 = 7.2$ (cm)

◆ かげをつけた三角形ABEと三角形DECで，辺BE，辺ECをそれぞれ底辺とすると，高さはEHになるから，かげをつけた部分の面積は，
　　$BE \times 7.2 \div 2 + EC \times 7.2 \div 2$
　$= (BE + EC) \times 7.2 \div 2$
　$= 20 \times 7.2 \div 2 = 72$ (cm²)

答え 72 cm²

解法ポイント

三角形AEDで辺ADを底辺としたときの高さは，かげをつけた2つの三角形の高さにもなる。

第3のナゾ 三角形の面積の比
辺の比と面積の関係を利用する！

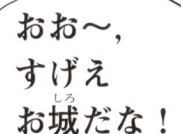

第2のナゾを解いたサンとスーは，手に入れた地図と手紙を頼りに，アヘヘ村へやってきた。
手紙には「ドライハーフ家の遺産相続の解決をお願いする。第3のナゾ解きとなるであろう。」と書かれていたのだった。

おぉ～，すげえお城だな！

ほんと…。

いかにも財産がありそうだ。

玉の輿を狙ってみるか？

3. 三角形の面積の比

3. 三角形の面積の比

3. 三角形の面積の比

3. 三角形の面積の比

3. 三角形の面積の比

ゆ…床が…！

え〜…

うん
わかっただス！

三角の底辺を5:4で分けた点と
頂点を結んだ直線で切れば
面積も5:4になるだス！

まるで違う形なのに
ホントにそれで正確に
合ってるのへ〜？

三角形の底辺の5:4の点と
頂点を結んだ線で2つに
分けると，高さが同じで
底辺の長さが5:4の2つの
三角形ができるだス。

切り分けた三角形は
ちゃんと5:4の面積と
いうことになるんだス！

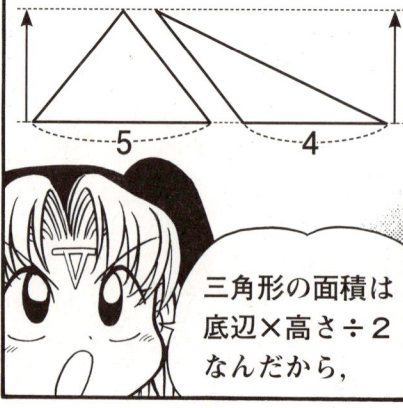

三角形の面積は
底辺×高さ÷2
なんだから，

うりゃーっ！

3. 三角形の面積の比

入試問題に挑戦!! 三角形の面積の比

⊕ ココを押さえておこう！⊕

- **高さが等しい三角形の面積の比**

  高さが等しい三角形の面積の比は，底辺の長さの比に等しい。

  ➡ 右の図で，
    三角形あとⓘの面積の比
    $= a : b$

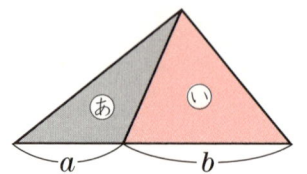

1 高さが等しい三角形の面積の比

右の図の平行四辺形の面積は80 cm²です。斜線部分の面積を求めなさい。

〈高知中〉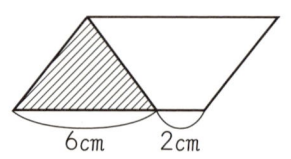

解き方 ▶▶▶

- 右の図で，三角形ABCの面積は，
  $80 \div 2 = 40 \,(\text{cm}^2)$

- $BD : DC = 6 : 2 = 3 : 1$ だから，
  斜線部分の面積は，
  $40 \times \dfrac{3}{3+1} = 30 \,(\text{cm}^2)$

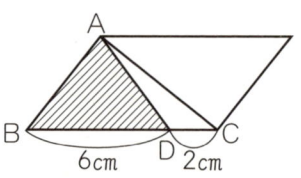

答え 30 cm²

解法ポイント

斜線部分の面積は，平行四辺形の対角線によって2等分した三角形の面積のどれだけの割合にあたっているかを考える。

2　3つの三角形の面積の比

右の図の三角形ABCの面積は45cm²で，三角形ABEと三角形ADCの面積は同じです。このとき，BDの長さは何cmですか。

〈桐朋中〉

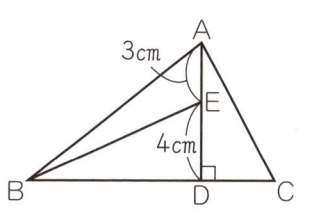

解き方▶▶▶

- 三角形ABEと三角形EBDの面積の比は，底辺の長さの比に等しく，3：4
- 三角形ABEの面積を③とすると，三角形EBDの面積は④
  また，三角形ADCの面積は，三角形ABEの面積と同じだから③
- 全体の三角形ABCの面積は45cm²だから，三角形EBDの面積は，

$$45 \times \frac{4}{3+4+3} = 18 \,(cm^2)$$

- 三角形EBDで，BD×4÷2＝18より，
  BD＝18×2÷4＝9（cm）

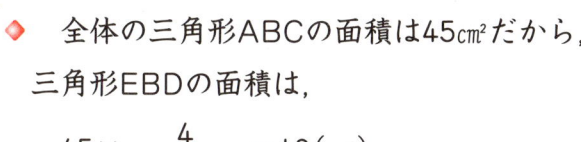

答え　9 cm

解法ポイント

三角形ABEと三角形EBDと三角形ADCの面積の比から，三角形EBDの面積を求める。

三角形の面積の比

3　4等分した三角形の面積の比

右の図のように，BC＝16cmの三角形ABCがあります。辺BC上に点F，Dを，辺AB上に点Eをとり，AD，DE，EFで三角形ABCの面積を4等分します。このとき，CD，BFの長さを求めなさい。

〈岡山白陵中〉

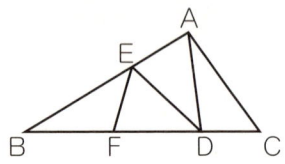

解き方 ▶▶▶

◆ 三角形ABDと三角形ADCの面積の比は3：1だから，BD：DCも3：1になる。

$$CD = 16 \times \frac{1}{3+1} = 4 \text{(cm)}$$

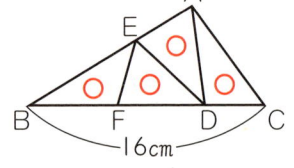

◆ 三角形EBFと三角形EFDの面積は等しいから，

BF＝BD÷2
　＝(16－4)÷2
　＝6(cm)

答え CD…4cm，BF…6cm

解法ポイント

三角形ABDと三角形ADCの面積の比からBD：DCの比を，三角形EBFと三角形EFDの面積の比から，BF：FDの比をそれぞれ求める。

第4のナゾ 四角形の分割
長方形の面積を等しく2つに分ける！

腹をすかしたサンとスーは，食用キノコを見つけて，キノコパーティーをしていたのだが…。

はふはふ，こりゃうまい！

いくらでも食えるぜ。

きゅ～きゅるるぴ～

何だよスーったら，ねちゃったのかよ。

きゅるるきゅ～

だけど，変なイビキだな。

魔のねむりタケが混ざってたピョ？

30分以内に起こさないと，そのまま一生ねむり続けるというおそろしいキノコなんだピョ！

なにー？

4. 四角形の分割

4. 四角形の分割

ふ～ん
紙みたいな
畑だな。

アホすけ！
こりゃ地図だっぺ！

「この土地を兄弟仲良く一本の直線で区切って半分に分けよ」というのがおやじの遺言でな。

TRAUMEN NO HATAKE

どうやったら半分に区切れるのかわからんちゅうわけだべや。

これを解決してくれたら，起こし方を教えるっぺや！

笑ってる場合ですか！

そういえばおめ～，何者だ？

そりゃムリだぜ！
スーが起きてりゃどうにかなるけどよ！

早く起こさないと，時間がないピョ！

オイラ，夢の達人と呼ばれるおせっかい妖精だっピョ。

そんでもってこれを使えば他人の夢に入れるっピョ。

夢の達人って，何ですか…？

オイラ，他人の夢に入って会話をすることができるっピョ。

へえ…。

え？

4. 四角形の分割

今度は忘れちゃダメだスよ！
あ，そうか…。
四角い紙をたて，横の真ん中で折っても半分になるっピョ。
なるほどそれで？
え〜っと…。
もう一回ねるか？
今度こそわかったピョ！
全部，ど真ん中の点を通ってるべな。
そ，そう！
このあたりで切って…。
中点
あ，重ねたら同じ形だ！
重要
そ…そう！
長方形の真ん中の点を通る直線で切ると，半分にできるっピョ。
つまり，両方の長方形の真ん中の点を結ぶ直線を引けば，
土地を半分に分けることができるっピョー！

4. 四角形の分割

入試問題に挑戦!! 四角形の分割

⊕ ココを押さえておこう！⊕

- **点対称な図形の面積を2等分する直線**

  点対称な図形の面積を2等分する直線は，対称の中心を通る。

  例　平行四辺形の面積を2等分する直線

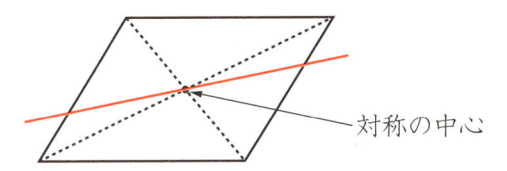

1 長方形の面積を2等分する直線

右の図のような面積のわからない長方形と点Pがあります。点Pを通り，長方形の面積を2等分する直線を図にかき入れなさい。　〈土佐塾中〉

解き方 ▶▶▶

◆ 右の図のように，長方形の対称の中心（対角線の交点）を求めて，これと点Pを結ぶ直線を引く。

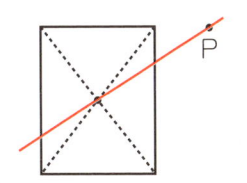

答え　上の図の赤い直線

解法ポイント

対称の中心は，対角線の交点である。

四角形の分割

2　正方形と長方形を組み合わせた図形を2等分する直線

正方形と長方形を組み合わせてつくった下の図形について、次の問いに答えなさい。　〈サレジオ学院中〉

(1) この図形の面積を2等分する直線を1本だけ引きなさい。

(2) (1)の直線が辺CDと交わる点をPとするとき、CPの長さを求めなさい。

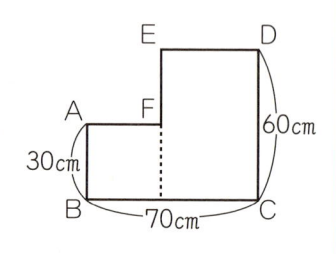

解き方 ▶▶▶

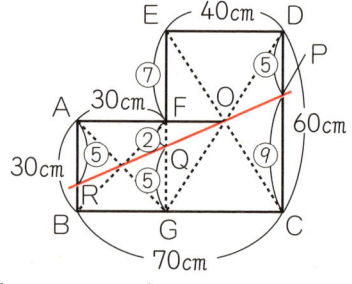

(1)◆　正方形と長方形の対称の中心（対角線の交点）を求めて、2つの対称の中心を結ぶ直線を引く。

(2)◆　右の図で、三角形OFQと三角形OARは相似だから、

　　FQ：AR＝OF：OA＝(40÷2)：(40÷2＋30)＝2：5

◆　FQを②とすると、AR＝QG＝PD＝⑤、
　　EF＝FG＝②＋⑤＝⑦、CP＝EQ＝⑦＋②＝⑨

◆　$CP = 60 \times \dfrac{9}{9+5} = \dfrac{540}{14} = 38\dfrac{4}{7}$ (cm)

答え (1) 上の図の赤い直線　(2) $38\dfrac{4}{7}$ cm

解法ポイント

(1) 正方形と長方形の対称の中心を求めて、直線で結ぶ。

(2) 三角形OFQと三角形OARの相似を利用する。

第5のナゾ 四角形の部分面積
長方形をどんどん分割していくと…

なんとか第4のナゾを解いたふたりは，霧深い館に住むゲロ族の仮面パーティーにもぐりこんでいた。

仮面忘年会

↑ここを通らないと先に進めないのだ!!!

大丈夫かよ…。

みんな仮面だから平気だス！

ゲロへへへ！　ワイワイ　ガヤガヤ　ゲロロロロ！

いかにも下品そうな宴会だ。

5. 四角形の部分面積

5. 四角形の部分面積

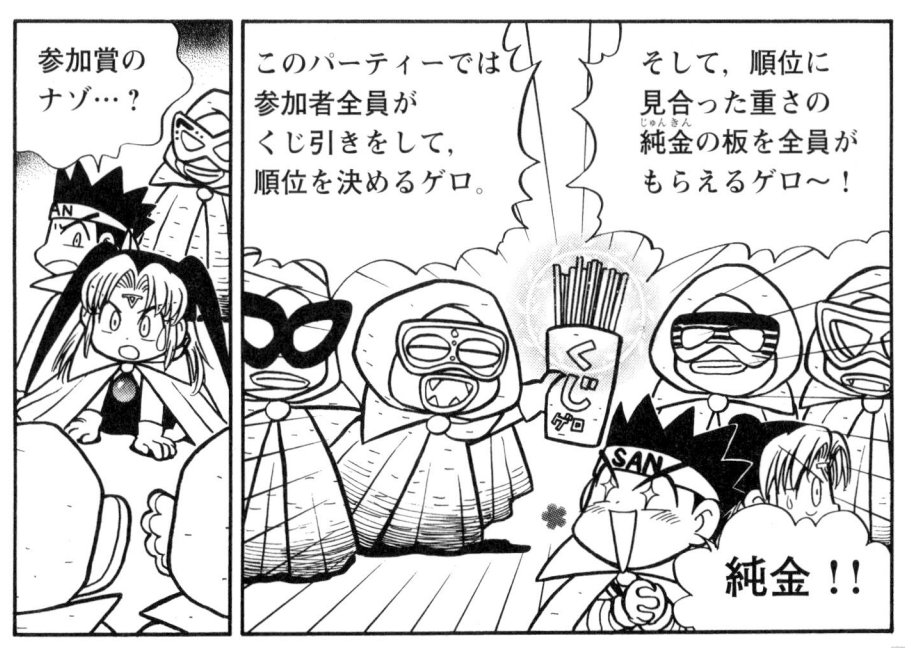

5. 四角形の部分面積

1位は純金10kg！

10kg

2位以下は前の順位の半分の重さの純金がもらえるゲロ！

ただし，最下位だけは，その前の順位と同じ重さの純金をもらえるゲロ！

参加者全員ってことは，オレたちももらえるのか？純金!!

あつかましいぞ！

そうはいかないゲロ〜。

やっぱネ…。

いや…実際には純金が配られたことはないゲロ〜！

どうしてだス？

毎年，参加者の数がバラバラで，純金を全部で何kg用意していいのかわからなくて争いになるゲロ〜〜！

ルールを変えた方がいいんじゃない…？

5. 四角形の部分面積

純金を全部で何kg用意すればいいか…。

いいゲロ～！

ただし，わしらがからあげを食べ終わるまでに解けなければ，おめーらもからあげゲロ～～！

それが解けたらにがしてくれるだスか？

ええ～～っと今年の参加者は何人だス？

50人ゲロ。

ということは1位が10kg 2位が5kg…。

3位は2.5kg
4位は1.25kg
5位は…0.625kg。

6位は…。

うわああ～，なんだかわからなくなるだス～。

ゲロへへへそろそろ食べ終わるゲロ～。

ス～長い間，苦労かけたな…。

イミを知らずに言ってる(たぶん)
計算高いおめえともお別れだ…。
ひ…ひどい言い方だス～！
SAN
キィ～ッ
ほれハンカチ。
ゲロ族さん意外とやさしいだス…。
わたしが計算するのはナゾを解くときだけ…。
しくしく
あ…！
S
このナゾは計算しちゃダメなんだス!!
これを純金全部だとして,
例えば,参加者が3人だったら,
1位は10kg，2位は5kg,3位は最下位だから2位と同じ5kgで合計20kg！
1位 10kg
2位 5kg
3位 5kg
参加者が5人ならこう分ければいい。
1位 10kg
2位 5kg
3位 2.5kg
4位 1.25kg
5位 1.25kg
重要
このときも合計は20kgだス！

重要
つまり，参加者が50人でも100人でも，純金の合計はいつも20kgなんだス〜〜〜！
20kg
ナルゲロ〜〜〜〜〜〜〜〜！（なるほど〜）
ワイワイ
ナゾが…ナゾが解けたゲロ〜〜〜。
ゲロロロ〜〜〜〜ン！
い…今のうちににげようぜ。
こそ〜
待つゲロ！
どき
いっしょにパーティーやるゲロロ〜！
天コウモリのてんこもり
ゲロ族のナゾを解き，パーティーに参加させられたサンとスー。そのからあげの味が，気になる…。

入試問題に挑戦!! 四角形の部分面積

⊕ ココを押さえておこう！⊕

● **長方形を半分に折っていく**

長方形を，横，たて，……，と交互に半分に折っていくと，長方形の面積は折る前の面積の半分になる。
※右の図で，もとの長方形の大きさを①とする。

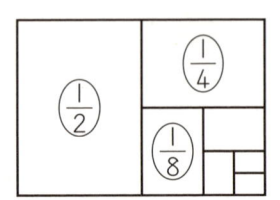

1 紙の大きさを半分に切っていく

A0サイズ（面積はちょうど1㎡）を基準として，右の図のように，長い方の辺を半分に切ったものがA1サイズ，さらにその長い方の辺を半分に切ったものがA2サイズ，……，です。A7サイズの面積は何㎡ですか。分数で答えなさい。

〈富士見丘中（東京）〉

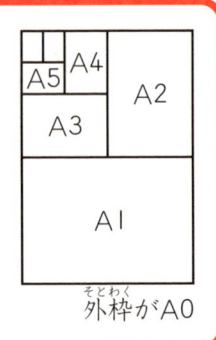

外枠がA0

解き方 ▶▶▶

◆ A7サイズの面積は，

$$1 \times \frac{1}{2} \times \frac{1}{2} \times \frac{1}{2} \times \frac{1}{2} \times \frac{1}{2} \times \frac{1}{2} \times \frac{1}{2} = \frac{1}{128} (\text{㎡})$$

答え $\frac{1}{128}$ ㎡

解法ポイント

サイズの数字の回数だけ，$\frac{1}{2}$ をかけていけばよい。

2 正方形の面積を半分にする

1辺が10cmの正方形があります。各辺の真ん中の点を結んで正方形をつくる作業を4回くり返しました。かげをつけた部分の面積を求めなさい。

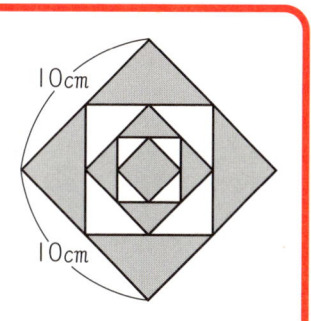

〈晃華学園中〉

解き方 ▶▶▶

◆ 正方形の各辺の真ん中の点を結んでできる正方形の面積は，もとの正方形の面積の半分になる。

◆ 正方形ABCDの面積は，
$10 \times 10 = 100$(cm²)
正方形EFGHの面積は，
$100 \div 2 = 50$(cm²)
正方形IJKLの面積は，$50 \div 2 = 25$(cm²)
正方形MNOPの面積は，$25 \div 2 = 12.5$(cm²)
正方形QRSTの面積は，$12.5 \div 2 = 6.25$(cm²)

◆ かげをつけた部分の面積は，
$100 - 50 + 25 - 12.5 + 6.25 = 68.75$(cm²)

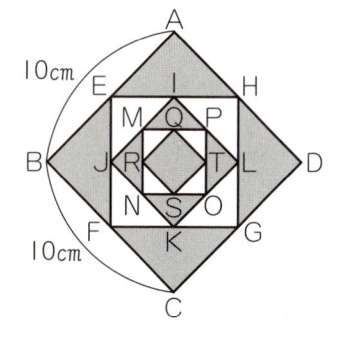

答え 68.75cm²

解法ポイント

1回の作業で，正方形の面積は半分になる。

第6のナゾ 正方形の内接円

正方形の中にできる正方形の面積を求める！

> サンとスーは，第6のナゾがあるという天空をめざしている！天空への案内は，ピーチクちゃんという鳥だった。

ピーチクちゃん

ピーッピーッ，ピーチクピーッ！

ゴゴゴゴゴ

空に何かある！

カベだス…！

カベにすいつけられていくだス～。

マメ知識▶ 内接円とは，多角形の内部にあり，全ての辺に接する円のこと。でも，全ての多角形に内接円が存在するわけではない。

6. 正方形の内接円

6. 正方形の内接円

は～, やっと落ち着いた。
なんかいごこち悪かったんだよ。

読みにくいのでさかさまにしました…。

で, 何だっけ?

キィ～～～～ッ!

おまいらはもう, おしまいだッキィ～!

カベにすいついたまま地面にたたき落としてやるッキィ～!

しかも, おまいらをたおせば, 魔物王さまにかけられた顔ののろいを解いてもらえるんだッキィ～。

キィ～ッキッキッ

顔ののろい?

わしはもともと天空一のビューティーコウモリだったッキィ～。

コウモリにもビューティー…とかあるのね。

それが…たった一言魔物王さまの悪口を言ったばっかりに,

こんな顔にされたッキィ～。

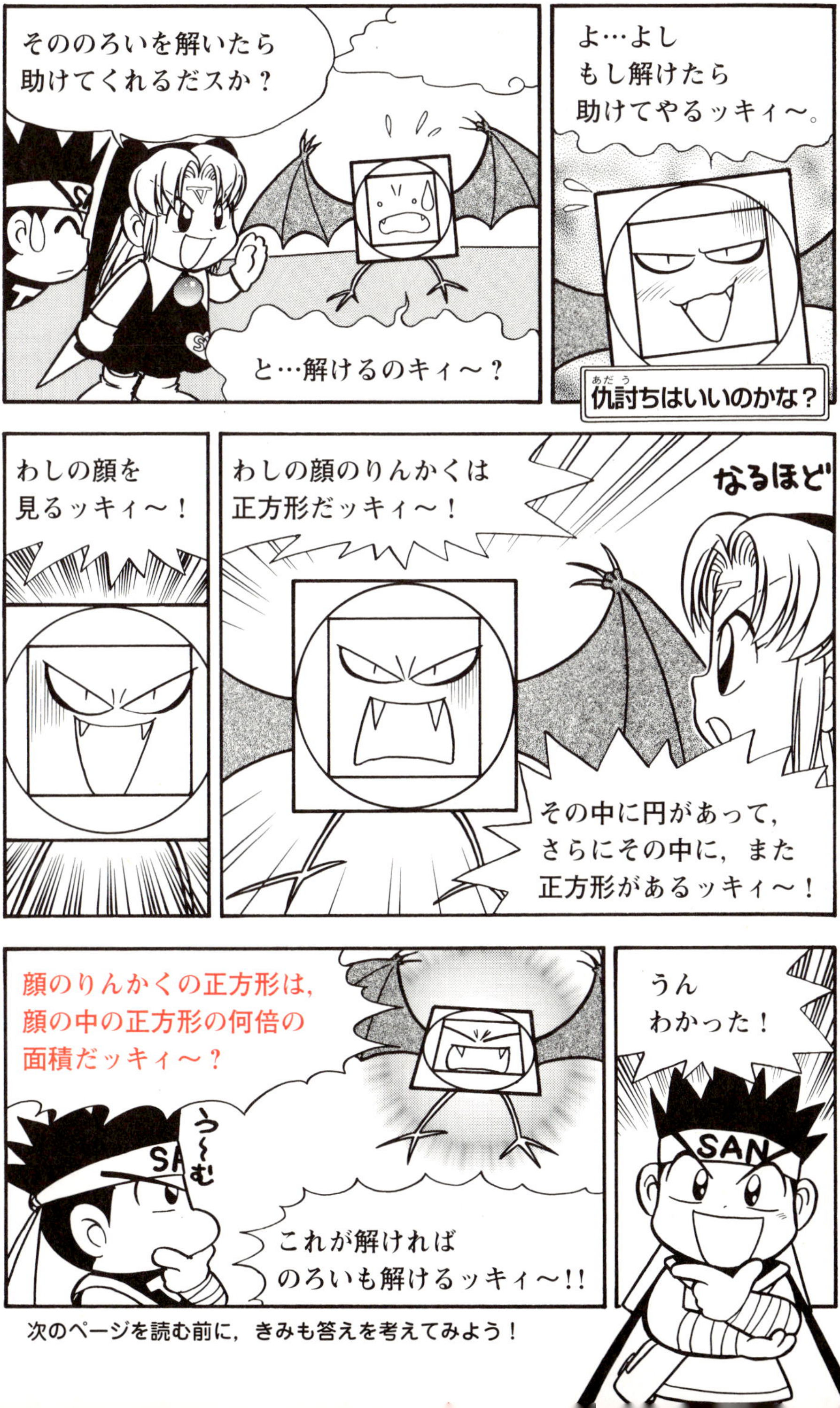

次のページを読む前に，きみも答えを考えてみよう！

6. 正方形の内接円

6. 正方形の内接円

あ，そうか！
回せばいいんだス！

うん，回せば落ちてる感じがしないもんな！

そ〜じゃないだス！
どういうこっちゃ？

バッドバットの顔の中の正方形を45度だけ回すんだス！

そして，中の正方形の対角線を直線で結ぶと…。

三角形ができた。

重要

そう，全部同じ大きさの直角二等辺三角形だス!!

あ…！

中の正方形には三角形が4つ！

つーことは…

顔のりんかくの正方形は三角形が8つ!!

57

6. 正方形の内接円

顔のりんかくの正方形の面積は，中の正方形の2倍だス〜〜〜っ！

ピタ...

カベが！

止まった…！

の…のろいが解けたッキィ〜！

キィ〜ッキィ〜ッキィ〜ッ!!

これがビューティーコウモリですかい…。

おおっ！

ぱかっ

やった！カベをぬけられたぜ〜！

キィーッ

ゴゴゴッ

第6のナゾ，バッドバットののろいを解いた！
サンとスーは，次なる地へと向かうのだった！！

入試問題に挑戦!! 正方形の内接円

⊕ ココを押さえておこう！⊕

● 正方形の中の正方形の面積

下の図の正方形と円で，
内側の正方形の面積は，外側の正方形の面積の半分になる。

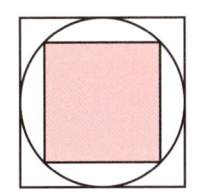

→ 内側の正方形を回転させると

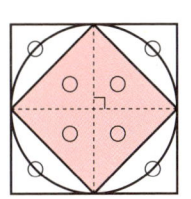

1 正方形の中の正方形と円の面積

右の図のように1辺が10cmの正方形の内側に接している円と，その円周上に4つの頂点がある正方形があります。このとき，斜線部分の面積を求めなさい。ただし，円周率は3.14とします。　〈東京家政学院中〉

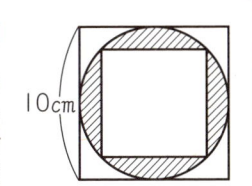

解き方 ▶▶▶

◆ 内側の正方形の面積は，10×10÷2＝50(cm²)
◆ 円の半径は，10÷2＝5(cm)だから，
　 円の面積は，5×5×3.14＝78.5(cm²)
◆ 斜線部分の面積は，78.5－50＝28.5(cm²)

答え 28.5cm²

解法ポイント

円の直径は，外側の正方形の1辺の長さと等しい。

正方形の内接円

2 正三角形の中の正三角形の面積

右の図の三角形はすべて正三角形です。正三角形ABCの面積が24cm²のとき，かげをつけた部分の面積を求めなさい。

〈湘南白百合学園中〉

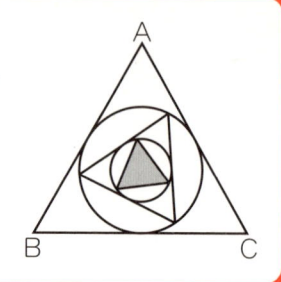

解き方 ▶▶▶

◆ 右の図のように，内側の正三角形を回転させると，内側の正三角形の面積は，外側の正三角形の面積の $\frac{1}{4}$ になる。

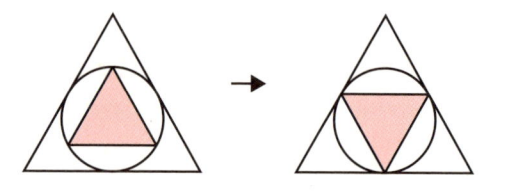

◆ かげをつけた正三角形の面積は，三角形ABCの面積の
$\frac{1}{4} \times \frac{1}{4} = \frac{1}{16}$　になるから，かげをつけた部分の面積は，
$24 \times \frac{1}{16} = 1.5 \, (cm^2)$

答え 1.5cm²

解法ポイント

内側の正三角形の面積は，外側の正三角形の面積のどれだけの割合にあたるかを考える。

3 正方形の外側で接する円の面積

右の図の四角形ABCDは正方形です。このとき，斜線部分の面積を求めなさい。ただし，円周率は3.14とします。

〈青稜中〉

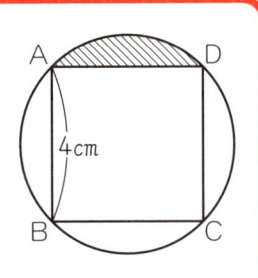

解き方 ▶▶▶

- 正方形の面積は，
 $4 \times 4 = 16$ (cm²)

- 右の図の三角形AODの面積は，
 $16 \div 4 = 4$ (cm²) で，
 半径×半径÷2 に等しい。

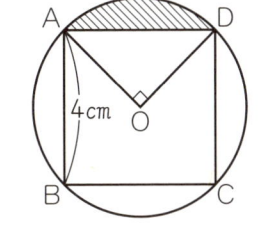

- 半径×半径÷2＝4 より，
 半径×半径＝4×2＝8

- おうぎ形AODの面積は，
 半径×半径×3.14×$\frac{90}{360}$＝8×3.14×$\frac{1}{4}$＝6.28 (cm²)

- 斜線部分の面積は，
 6.28－4＝2.28 (cm²)

答え 2.28 cm²

解法ポイント

正方形の$\frac{1}{4}$の面積から，「半径×半径」を求める。

第7のナゾ ひもが動く面積
円の面積の求め方を利用する！

草原の村グレーザーでは，かつて数百頭もの馬が群れをなして駆けめぐっていた。しかし，魔物ののろいによって草原は沼地と化し，馬は，底なし沼にしずめられてしまった。

一面の草原が沼になってしまうとは…。

言い伝えは本当だったのじゃな。

ならばこの地にまもなくやってくるはず…。

伝説の勇者と知恵者が！

ひえ～，ず～っと沼だぜ。

これじゃ先に進めないス…。

7. ひもが動く面積

それー いけにえを つかまえろ〜！

へ…？

バッ

カシーン

おっ… おまえら 何もんだ〜？

草原の民 グレーザー族！

ずずず…

どこが草原 なんだよ？

魔物がやってくる までは広々とした 草原だったのじゃ。

じゃが，おぬしらがいけにえとなって 沼にしずめば，魔物ののろいは消え 草原がよみがえる！

グレーザー族の有名な 言い伝えじゃ！

放っておけば わずかに残った 土地も沼になる。

そんなん 知らねえ〜！

63

7. ひもが動く面積

7. ひもが動く面積

勇者サンのつながれた
カベの長さは12m
クサリの長さは10m。

知恵者(ちえしゃ)スーのつながれた
カベは18m，クサリは11m。

どちらも
カベの真ん中から
つながれておる。

**二人のうちどちらの
動きまわれる地面が広いか。**
広い方の者が
砂時計(すなどけい)をたたき割(わ)れば
助かるはずじゃ！

たった今から砂時計の砂が
落ちきるまでに割らねば
底なし沼に飲みこまれる！
もちろんチャンスは
一度きり！

これも言い
伝えじゃ！

動きまわれる地面の
広さってことは
面積だスな。

サンのクサリが10mで
わたしのが11mだから…，

わたしの方がたくさん
動けるはず！

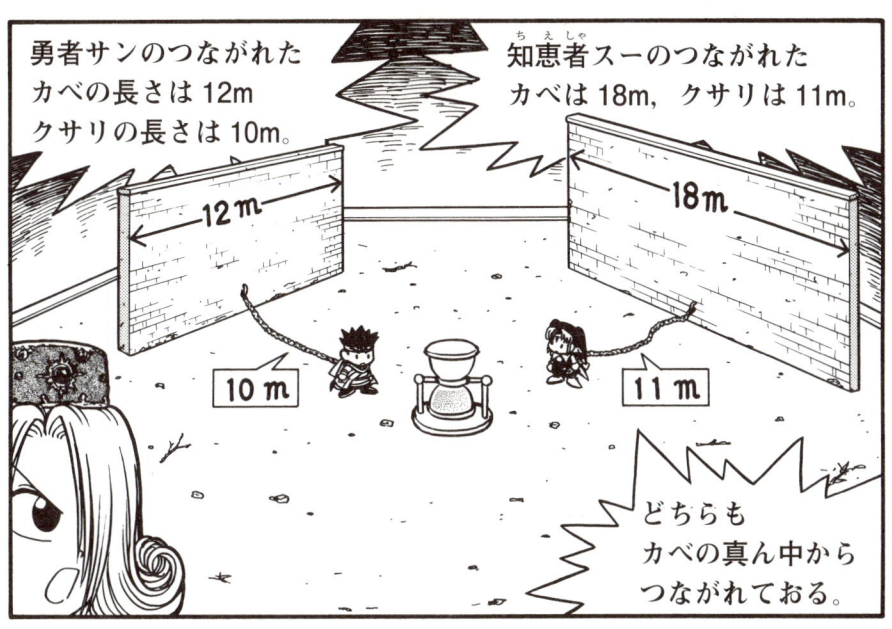

サンとスーのどっちがたくさん動き回れるか，きみも考えてみよう！

カベの中で動けるところは考えなくていいのか？
地面の広さじゃ！
アホの勇者の実力発揮！
サン！　クサリをピンとはりつめたまま走って線を引いてみるだス！
ガガガ
カベ…そうかカベからはみ出すクサリの長さも考えなきゃダメだス！
カベ
クサリ
はみだす
そうやって引いた線の内側の面積，それが動きまわれる地面の広さ！
わははは何だかおもしれえ～。
ぶ～～ん
ガガガ
うわっ！
びたーーん
あぁもう残りの砂が…。
これを比べればどっちが広いかわかるだス！

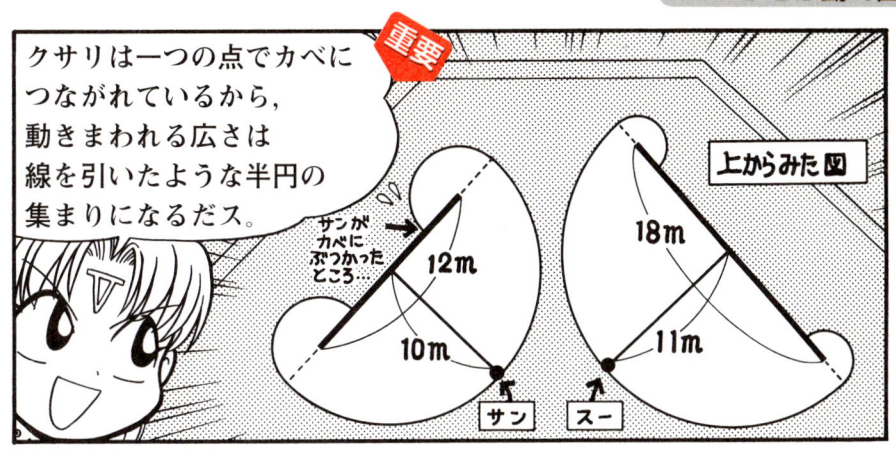

7. ひもが動く面積

クサリは一つの点でカベにつながれているから、動きまわれる広さは線を引いたような半円の集まりになるだス。

重要

上からみた図

12m / 10m（サン）
18m / 11m（スー）

サンが動けるのは半径10mの半円と半径4mの円の面積をたした広さ。

わたしが動けるのは半径11mの半円と半径2mの円の面積をたした広さ！

円の面積は、半径×半径×3.14だから、

サンは $10 \times 10 \times 3.14 \div 2 + 4 \times 4 \times 3.14 = 207.24$ (㎡)

[サン] 4m 6m 6m 4m / 10m

[スー] 2m 9m 9m 2m / 11m

わたしは $11 \times 11 \times 3.14 \div 2 + 2 \times 2 \times 3.14 = 202.53$ (㎡)

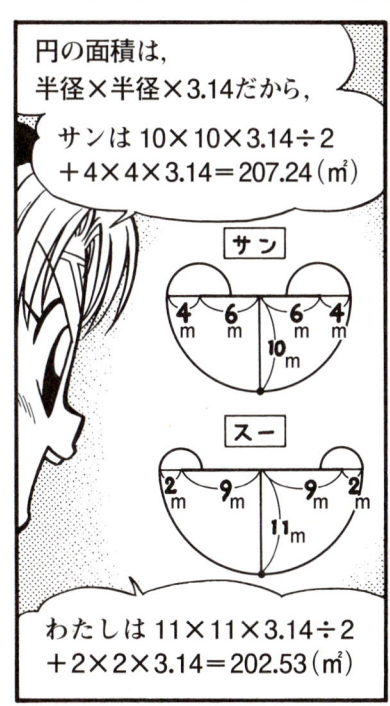

つまり、サンの方が動ける範囲が広いだス！

きゃっほ～ オレのが広い～！

まったくむじゃきな勇者だ。

マメ知識 ▶ 円の面積の和を求めるなど、「3.14」を使った計算のときには、分配法則を利用するとよい。156ページを読んで、活用できるようにしておこう。

7. ひもが動く面積

おおおおお、砂時計の砂が沼をみるみるおっていきまする～。

ざざざざ…

魔物ののろいは解かれ
沼は草原にもどり
しずめられていた馬までも
よみがえった！

礼として
馬をさずけよう。

サンキュー！

この先の旅に
連れて行くがよい。

姫、
あの勇者の
ことは…？

それに、
フッ…

姫は旅人とは結ばれぬ
という言い伝えもある
ではないか…。

サンとスーはグレーザー族の
危機を救い、馬を手に入れた！
しかし二人は姫の心を知ること
もなく先を急いだのだった。

村を守れた…
それだけで
もうよい。

入試問題に挑戦!! ひもが動く面積

◉ココを押さえておこう！◉

- **ひものはしの点が動くことのできる範囲**

  右の図で，ひもの片方を点Oに固定したとき，ひものはしの点Pが動くことのできる範囲は，赤い色をつけた3つのおうぎ形を合わせた形である。

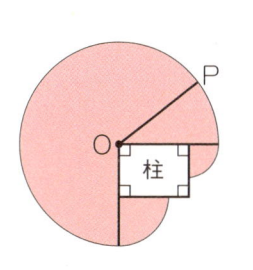

1 犬が動くことのできる面積

9mの長さののびないひもにつながれた犬がいます。右の図のように点Aにひもの片方が固定されています。柵の形は1辺が6mの三角形で，柵で囲まれた中には入ることができないとき，犬が動ける範囲の面積を求めなさい。ただし，円周率は3.14とします。

〈光塩女子学院中〉

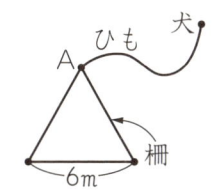

解き方 ▶▶▶

◆ 犬が動ける範囲は，右の図の赤い色をつけた部分で，その面積は，

$$9 \times 9 \times 3.14 \times \frac{300}{360} + \underset{9-6}{3} \times 3 \times 3.14 \times \frac{120}{360} \times 2$$

$$= \left(9 \times 9 \times \frac{5}{6} + 3 \times 3 \times \frac{1}{3} \times 2\right) \times 3.14$$

$$= (67.5 + 6) \times 3.14 = 230.79 \, (m^2)$$

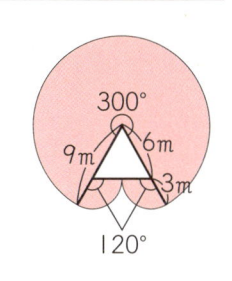

答え 230.79 m²

解法ポイント

犬が動ける範囲は，3つのおうぎ形を合わせた形である。

ひもが動く面積

2　ひものはしの点が動くことのできる面積

右の図のような台形ABCDがあります。点Aから10cmのひもをつけて，そのはしを点Eとします。ひもは台形の中に入らないものとして，点Eが動くことのできる部分の面積を求めなさい。ただし，円周率は3.14とします。

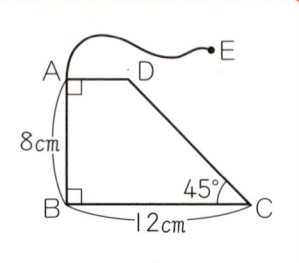

〈佼成学園中〉

解き方 ▶▶▶

◆ 右の図で，三角形DFCは直角二等辺三角形だから，
　FC＝DF＝AB＝8(cm)
　AD＝BF＝12－8＝4(cm)
　　　　　BC　FC
　角GDC＝45°

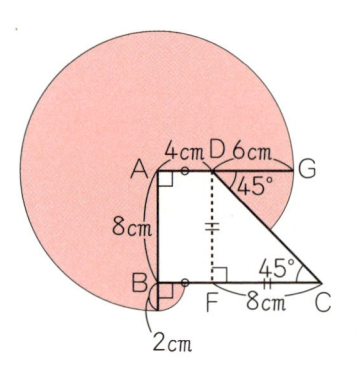

◆ 点Eが動くことのできるのは赤い色をつけた部分で，その面積は，

$$10\times10\times3.14\times\frac{270}{360}+2\times2\times3.14\times\frac{90}{360}+6\times6\times3.14\times\frac{45}{360}$$
　　　　　　　　　　　　　　10-8　　　　　　　　　　　　　10-4

$$=\left(10\times10\times\frac{3}{4}+2\times2\times\frac{1}{4}+6\times6\times\frac{1}{8}\right)\times3.14$$

$$=(75+1+4.5)\times3.14=252.77(cm^2)$$

答え 252.77 cm²

解法ポイント

台形ABCDは長方形と直角二等辺三角形に分けられることから，ADの長さを求める。

第8のナゾ 正方形の中の四角形の面積
正方形の中に長方形をつくる！

サンとスーの旅に助っ人が現れた！
いろいろな生き物の言葉がわかると
いうナッちゃんである。

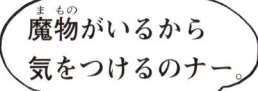

魔物がいるから
気をつけるのナー。

ナッちゃん

魔物？

なんだ
アリンコじゃん！

アリじゃねえ！
魔虫・ラリ族だリー！

8. 正方形の中の四角形の面積

8. 正方形の中の四角形の面積

8. 正方形の中の四角形の面積

陣痛が始まったらこいつを食べて安産するラリ～！

答えられるもんなら陣痛がくる前にさっさと答えるラリ～！

ナッちゃん、ピーンチ！

せっ…かい…。

切開してと言ってるのナ～！

安産マットが言ってるのナ～！

え？

そんなもんがしゃべるのか？

切開って…マットを切ればいいだスか？

もようのさかいめで切るのナ～…。

よっしゃ！

スパパパパ

切ったぜ！次は何て言ってる？

……

どこを切るんだ？

76ページの解答を見る前に、きみも考えてみよう！

大切な安産マット
を～！
ナッちゃん待ち…
ナッちゃん？
ヴッ
何も聞こえないの
ナ～…。
なにぃ～？
もお～，こんなやつ
食べてやるラリ～！
ん？
キイイイ
真ん中に四角が
できるな…。
うん！
切り取った三角形を
全部回転させて
もようのところに
のせると解き方が
分かるだス。
ま…待って！
わかっただス！
!?

8. 正方形の中の四角い面積

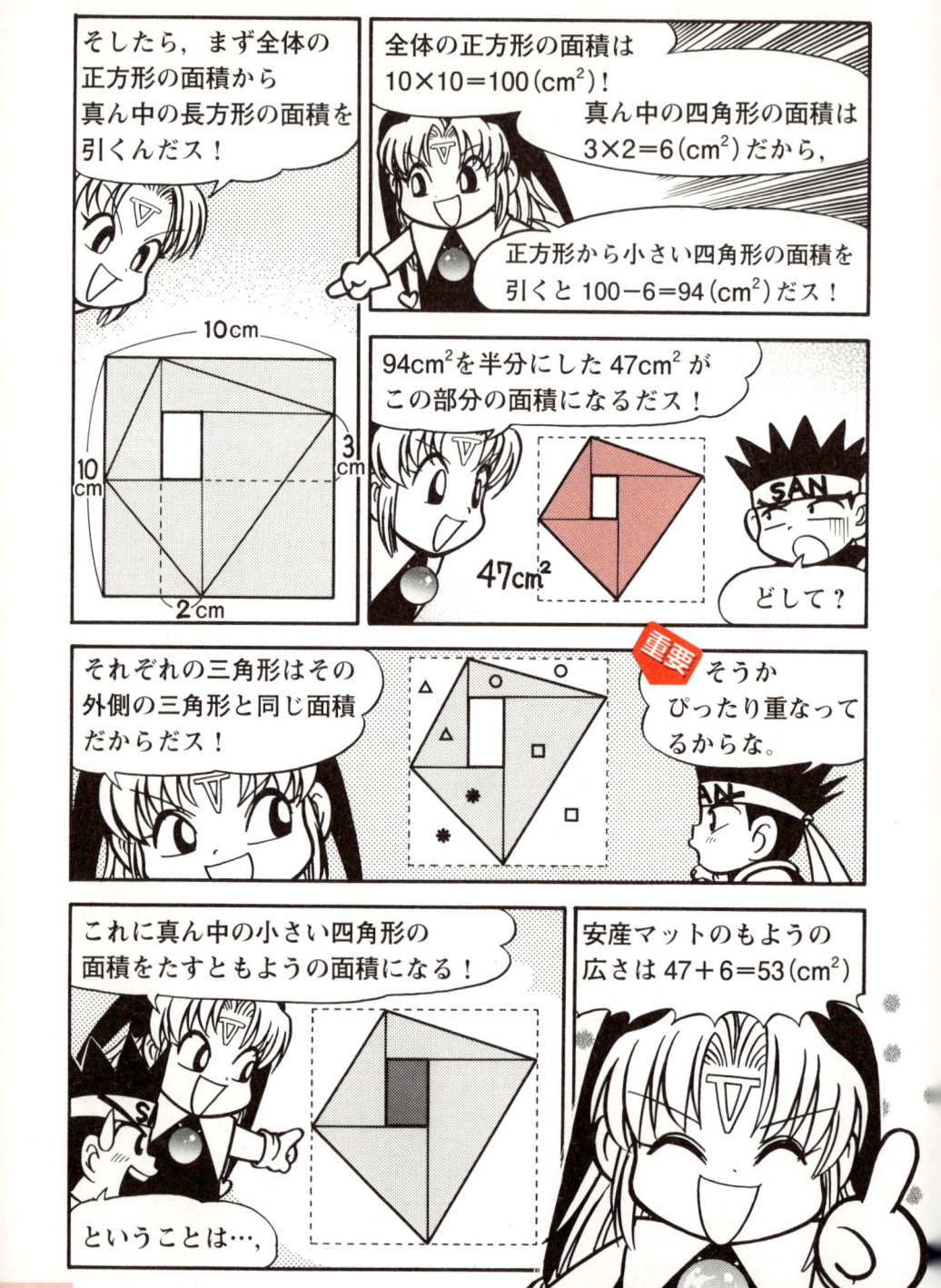

そしたら，まず全体の正方形の面積から真ん中の長方形の面積を引くんだス！

全体の正方形の面積は $10 \times 10 = 100 (cm^2)$！
真ん中の四角形の面積は $3 \times 2 = 6 (cm^2)$ だから，

正方形から小さい四角形の面積を引くと $100 - 6 = 94 (cm^2)$ だス！

94cm^2を半分にした47cm^2がこの部分の面積になるだス！

どして？

それぞれの三角形はその外側の三角形と同じ面積だからだス！

そうかぴったり重なってるからな。

これに真ん中の小さい四角形の面積をたすともようの面積になる！

安産マットのもようの広さは $47 + 6 = 53 (cm^2)$

ということは…，

重要

8. 正方形の中の四角形の面積

入試問題に挑戦!! 長方形の中の四角形の面積

⊕ ココを押さえておこう！⊕

- **長方形と4つの直角三角形**

  右の図で，赤い色をつけた4つの直角三角形の面積の和は，
  $(a \times b - x \times y) \div 2$

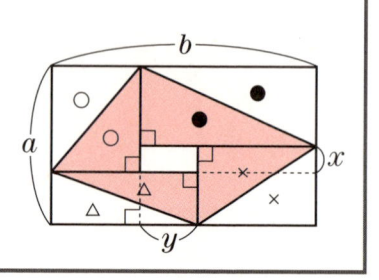

1 正方形の中の四角形の面積

右の図の斜線部分の面積を求めなさい。

〈日本大第三中〉

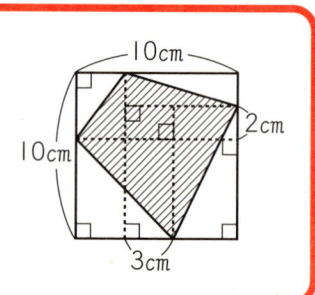

解き方 ▶▶▶

◆ 右の図のように，斜線部分を正方形の辺に平行な直線で4つの直角三角形と1つの長方形に分ける。

◆ 赤い色をつけた4つの直角三角形の面積の和は，$(10 \times 10 - 2 \times 3) \div 2 = 47$ (cm²)

◆ 斜線部分の面積は，$47 + 2 \times 3 = 53$ (cm²)

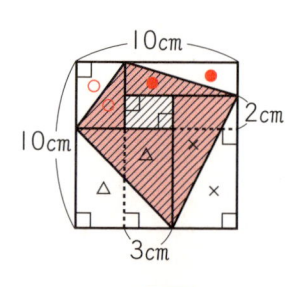

答え 53 cm²

解法ポイント

正方形の辺に平行な直線で，斜線部分を4つの直角三角形と1つの長方形に分ける。

2 正方形の紙を折って正方形をつくる

図1のような1辺の長さが34cmの正方形の紙があります。この紙を図2のように折り，正方形をつくると，紙が重ならない部分は正方形となり，その面積は196cm²となりました。

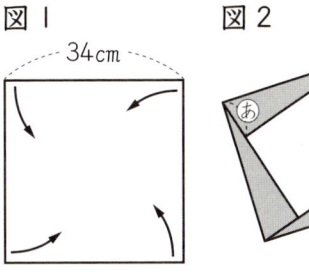

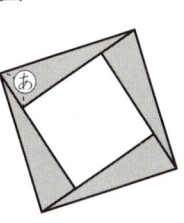

〈慶應義塾湘南藤沢中等部〉

(1) 図2のかげをつけた部分の面積を求めなさい。

(2) ⓐの長さを求めなさい。

解き方 ▶▶▶

(1) ◆ 右の図より

　　かげをつけた部分の面積は，

　　$(34 \times 34 - 196) \div 2 = 480$ (cm²)

(2) ◆ $196 = 14 \times 14$ より，DE = 14cm

◆ BE = BD + DE = ⓐ + 14,

　AB = ⓐ，BC = BE より，

　AC = AB + BC = AB + BE = ⓐ + (ⓐ + 14) = 34

➡ ⓐ = $(34 - 14) \div 2 = 10$ (cm)

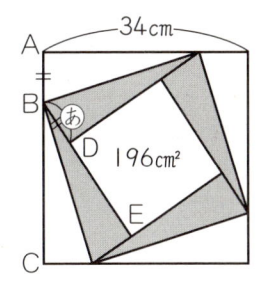

答え (1) 480cm² (2) 10cm

解法ポイント

(2) 図2で，真ん中の正方形の1辺の長さを求める。

第9のナゾ ふしぎな多角形の面積
部分面積を移動させてみる！

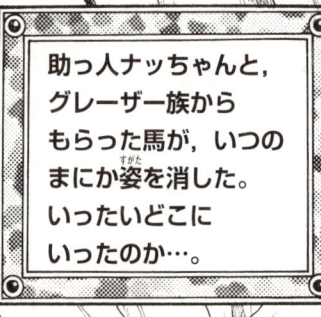

助っ人ナッちゃんと，グレーザー族からもらった馬が，いつのまにか姿を消した。いったいどこにいったのか…。

このあたりにはだれもすんでなさそうだな。

ん？

待っていたざます。

ざます…？

9. ふしぎな多角形の面積

あんたらは伝説の勇者と知恵者(ちえしゃ)でござんしょ?

伝説? まあ、勇者と知恵者だけどさ。

スタッ

やっぱり、あたしの予言は当たったざます!

ダイヤグラムに降(お)り立つ勇者と知恵者によって世界は光に満ちあふれるであろう…。

キラキラ

「カンとプー」!!

その者たちの名は…、

おまえなぁ…。

あたし? あたしは…、

世紀の予言者ノルトラザマスざます!

あんたらには重大な使命があるのざます!

使命?

いかにもあやしいヤツだぜ。

81

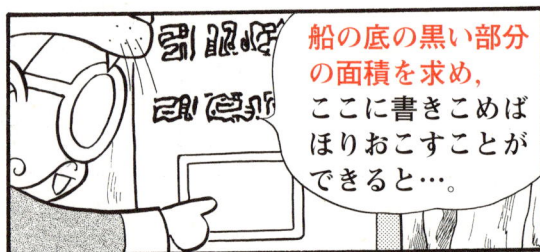

9. ふしぎな多角形の面積

この谷には古くからナゾの船が土にうまっているざます。

その船をほりおこすのがあんたらの使命ざます!!

あれが船?

あそこは船の底になっているざます。

ここに書いてあるざます。

船の底の黒い部分の面積を求め,ここに書きこめばほりおこすことができると…。

船の底は一辺が1mの正十二角形。

1m

正三角形

ふうむ…

白い部分はそれぞれ一辺が1mの正三角形になってる…だスか。

9. ふしぎな多角形の面積

9. ふしぎな多角形の面積

9. ふしぎな多角形の面積

9. ふしぎな多角形の面積

入試問題に挑戦!! ふしぎな多角形の面積

⊕ ココを押さえておこう！⊕

● **複雑なもようの面積**

面積が等しい部分に移して，1か所にまとめる。

➡ 右の図で，斜線部分の面積は，半円の面積に等しくなる。

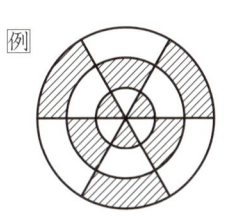

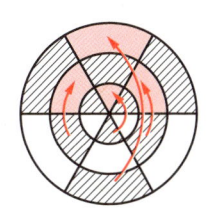

例

1 正六角形の分割

右の図は，正六角形の各頂点を結んだ図です。斜線部分の面積の合計は，正六角形の面積の何倍ですか。

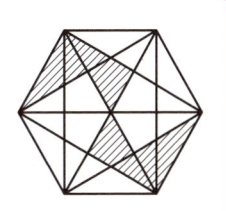

〈聖望学園中〉

解き方 ▶▶▶

◆ 右の図のように，面積が等しい部分に移して1か所にまとめると，正六角形を6等分した正三角形の面積の2つ分にあたる。

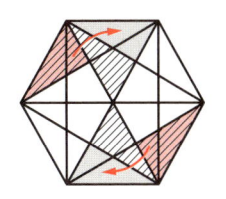

◆ 斜線部分の面積の合計は，正六角形の面積の $\frac{1}{6} \times 2 = \frac{1}{3}$ (倍)

答え $\frac{1}{3}$ 倍

解法ポイント

斜線部分の面積は，正六角形を6等分した正三角形の面積のいくつ分にあたるかを考える。

ふしぎな多角形の面積

2　複雑なもようの面積

　右の図のように，対角線の長さが10cmである正方形アイウエの4つの頂点を通る円があります。正方形アイウエの4つの頂点を通る正方形オカキクを円の外側にかき，正方形アイウエの内側に円をかき加えます。かげをつけた部分の面積を求めなさい。ただし，円周率(りつ)は3.14とします。

〈東京学芸大附世田谷中・改〉

解き方 ▶▶▶

◆　図1のように，面積が等しい部分に移して1か所にまとめると，かげをつけた部分の面積は，図2のような直角二等辺三角形とおうぎ形の面積の和になる。

◆　直角二等辺三角形の面積は，
　　$10 \times 10 \div 8 = 12.5$（cm²）

◆　おうぎ形の面積は，
　　$\underset{10 \div 2}{5} \times 5 \times 3.14 \div 4 = 19.625$（cm²）

◆　かげをつけた部分の面積は，
　　$12.5 + 19.625 = 32.125$（cm²）

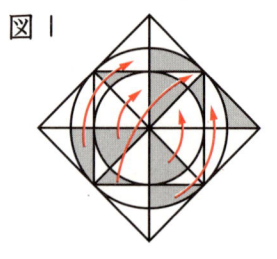

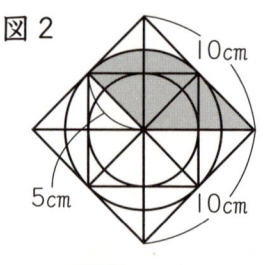

答え 32.125cm²

解法ポイント

かげをつけた部分の面積は，直角二等辺三角形とおうぎ形の和になる。

3 正方形を4本の直線で分ける

右の図は，1辺10cmの正方形の辺をそれぞれ2等分する点と頂点を結んだ図です。斜線部分の面積は何cm²ですか。

〈世田谷学園中〉

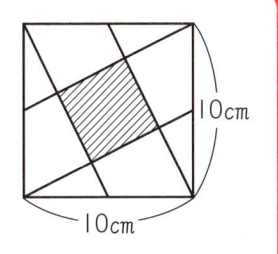

解き方▶▶▶

◆ 右の図のように，直角三角形を移動して，直角三角形と台形を組み合わせた正方形をつくると，正方形ABCDの面積は，赤い色をつけた5つの合同な正方形の和に等しい。

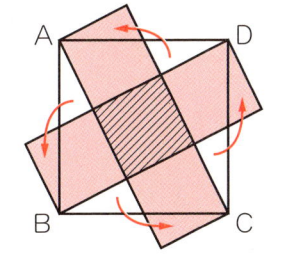

◆ 斜線部分の正方形の面積は，正方形ABCDの面積の $\frac{1}{5}$ だから，

10×10÷5＝20（cm²）

答え 20cm²

解法ポイント

直角三角形を移動して，台形と組み合わせて4つの正方形をつくる。

第10のナゾ 半径と円周の関係
半径を変えると，円周はどうなる？

第10のナゾは，まぶしい光とともに空から突然やってきた！
そのナゾは，サンとスーたちがすむ世界全体に重大な影響をおよぼすほどの問題なのであった！

うっ！

おまいらが
サンとスーなのラ〜ッ？

10. 半径と円周の関係

な…何者だス？

すっかり有名になったなぁ…

われは天空の守りをつかさどる者！

おまいらはこれまでにダイヤグラム島のナゾを次々に解いた！

だが，それに危機を感じた魔物王が，天空に恐ろしいのろいをかけたのラ！

の…のろい…！

魔物がかけたこののろい，おまいらが解かなければならないのラ！

もし，このナゾを解けなければ，宇宙空間に異変が起きるかもしれないのラ〜！

あの月を見るのラ！

ビシッ

10. 半径と円周の関係

あの月の赤道には宇宙の守りを固めるために守りツナがはりめぐらせてある！

しかし，もうすぐ魔物ののろいで月が地面からピッタリ1m分だけふくらむのラ！！

このままでは守りツナがちぎれ，宇宙のバランスがくずれてしまう…。

だが，守りツナをふくらんだときの月の大きさにピッタリあわせてつぎ足せば，宇宙は守られる。

つぎ足すツナの長さを天にむかって答えるのラ！

もしまちがって答えると時空はゆがめられわれわれは存在することもできなくなるのラ〜ッ！

あと，どのくらいツナをつぎ足せばいいか!?

ええ〜っ。　いきなり言われてもなぁ。

10. 半径と円周の関係

10. 半径と円周の関係

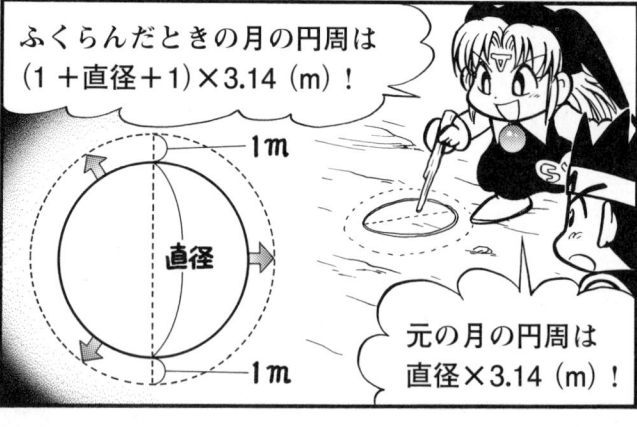

練習じゃなくて円周が問題なんだス！

円周？

とにかくつぎ足す長さを考えるだス！

くっそ～，これが本番じゃなくて練習だったらなあ…。

円周は直径×3.14！

月の円周が守りツナの長さなんだス。

だから月の直径がわかればツナの長さがわかる…。

あっ！ 直径がわからなくてもいいんだス！

ふくらんだときの月の円周は
（1＋直径＋1）×3.14（m）！

元の月の円周は直径×3.14（m）！

ふくらんだときの月の円周から元の月の円周を差し引けば，つぎ足すツナの長さになるから…，

> **マメ知識▶** 円周率は，3.141592…，と小数で表すと無限に長い数値になる。紀元前から多くの数学者が計算に挑戦してきたが，現在ではコンピュータで計算されている。

(1＋直径＋1)×3.14
－直径×3.14
＝(1＋1)×3.14 (m)！
だから
1×3.14＋1×3.14 (m)
の分だけ，つぎ足せば
いいのだス！
1m×3.14って…
それは直径1mの円の
円周ってことなのラ？
1×3.14
1×3.14
重要
そう，
ふくらんだときの
月の円周は，元の月の
大きさに関係なく，
2つの小さい円の円周
をたした分だけ長くな
るんだス！
つまり，
2×3.14＝6.28 (m)
になるから，
つぎ足すツナの長さは
6m28cmだスー！
あんなにどでかい
月なのに，たった
6m28cmかよ…！
SAN
SAN
ああっ，
月がっ！

10. 半径と円周の関係

入試問題に挑戦!! 半径と円周の関係

⊕ ココを押さえておこう！⊕

● **大きい円と小さい円の周の長さの差**

右の図で，円周率を3.14とするとき，
大きい円と小さい円の周の長さの差
＝半径の差×2×3.14
　　　〜〜〜〜〜〜〜〜〜
　　　　直径の差

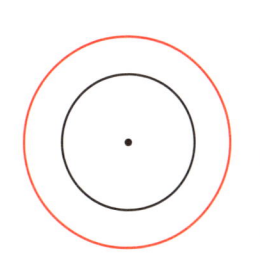

1　2つの半円の周の長さの差

半円が2つあります。大きい半円の周の長さは，小さい半円の周の長さより，どれだけ長いですか。ただし，円周率は3.14とします。　〈文華女子中〉

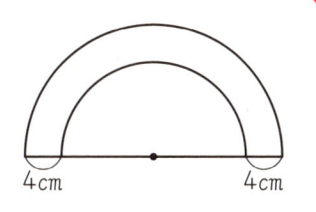

解き方 ▶▶▶

◆ 小さい半円の半径を$a$cmとすると，
　2つの半円の弧の部分の長さの差は，
　$4 \times 2 \times 3.14 \div 2 = 12.56$ (cm)

◆ 2つの半円の直線部分の長さの差は，
　$4 \times 2 = 8$ (cm)

◆ 2つの半円の周の長さの差は，$12.56 + 8 = 20.56$ (cm)

答え 20.56 cm

解法ポイント

半円の周の長さは，半円の弧の長さ＋半円の直径　である。

半径と円周の関係

2 トラックコースの長さの差

右の図のように，円の一部分と直線のコースを組み合わせてつくった陸上競技のトラックがあります。全部で5コースあり，内側から1コース，2コース，…，5コースとなっています。各コースの幅はすべて2mで，コースのちょうど真ん中を1周走ります。1コースと5コースとでは走る距離は何mちがいますか。
ただし，円周率は3.14とします。

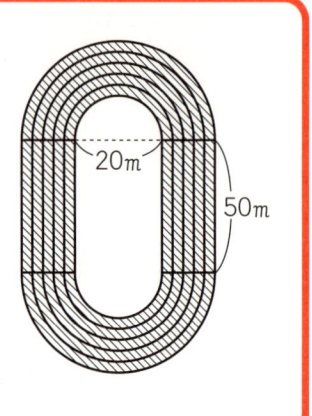

〈富士見丘中(東京)・改〉

解き方▶▶▶

◆ 直線部分の長さは同じだから，1コースと5コースとで走る距離の差は，円周部分の長さの差になる。

◆ 内側の円の半径は，$20 \div 2 = 10$(m)
1コースと5コースの半径の差は，
$(10 + 2 \times 4 + 1) - (10 + 1) = 8$(m)
だから，走る距離の差は，
$8 \times 2 \times 3.14 = 50.24$(m)

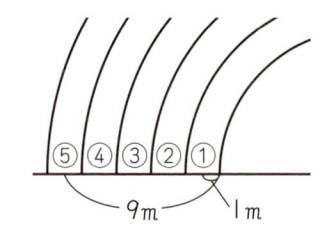

答え 50.24 m

解法ポイント
1コースと5コースとで走る距離の差は，円周部分の長さの差になる。

第11のナゾ 円周の和

直列に並んだ円の周をたしていくと…

> ダイヤグラム島の「知の秘宝（ひほう）」を手に入れる道をたどるサンとスー。しかし、またも新たな難問（なんもん）が立ちはだかるのであった！

あっ ナッちゃん！

馬たちも！

いつのまにか いなくなって…。

ダメなのナ〜。

何がダメな…。

11. 円周の和

11. 円周の和

『五つ山の向こうへ通じる道は，山ぞいの道と沼の道の2本。』

山ぞいの道

底なし沼

沼の道

『2本のうち，どちらか近い方の道を選ばなければ，五つ山の向こうへはたどり着けない。』

『もし，まちがった道を行くと，ミー男爵ののろいで道がくずれて底なし沼に落ちるのミャー。』

ミー男爵ののろいだスか…！

よし，こうしよう！

ロクでもない提案の予感。

オレは山ぞい，スーは沼の道を行くんだ！

どっちかひとりが生き残れば，ナッちゃんたちを助けられるじゃん！

一か八かはイヤだス！

生き残るなら，スーだけの方が…。

101

11. 円周の和

地図がなくっちゃどっちの道が近いか選べないだスな。

ごもっとも。

しゅるるる…

あ…。

ビュッ

ミー男爵が地図を届けてくれたぜ！

親切な魔物だな…。

よしわかった！

ええっ!?

道を通らずに山を登ればいいのさ！

そこは通れないんだス～!!

馬　ナッちゃん

山　山　山　山　山

沼　山ぞいの道

沼の道

道は両方とも半円だスか！

11. 円周の和

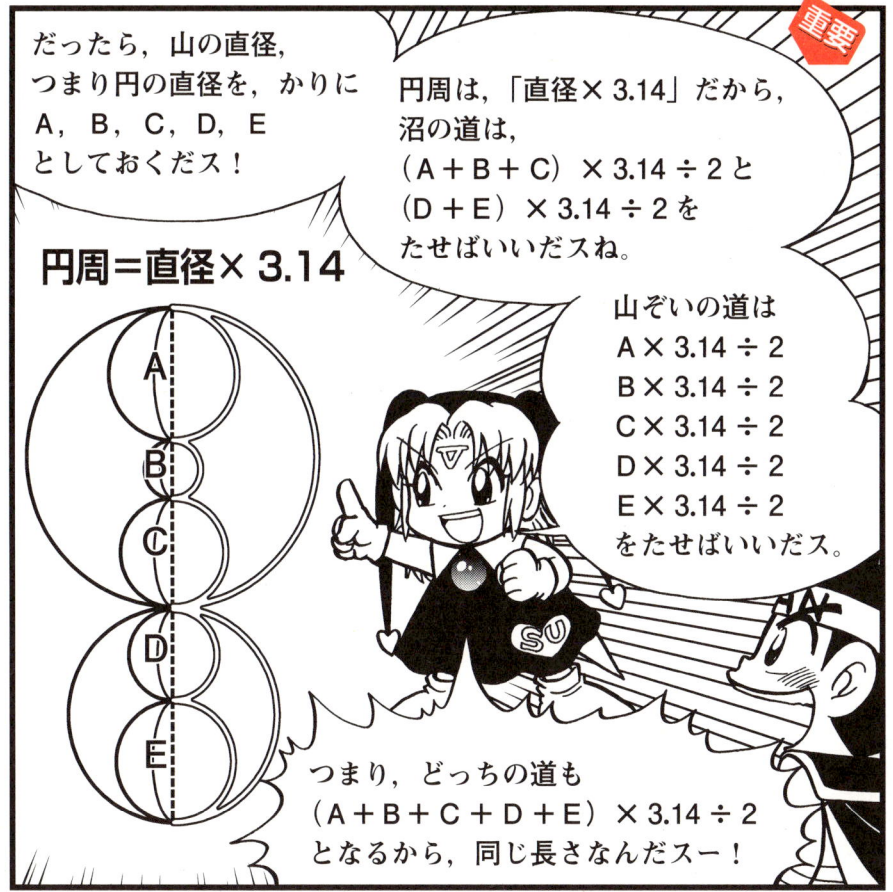

これはネ。どっちの道でも同じだス！

まず、円周の長さを求めて、2で割ればいいだスね。

でも、どこの長さもわかってないのにどうやって計算するの？

へ…？

だったら、山の直径、つまり円の直径を、かりにA、B、C、D、Eとしておくだス！

円周＝直径×3.14

円周は、「直径×3.14」だから、沼の道は、
(A＋B＋C)×3.14÷2と
(D＋E)×3.14÷2を
たせばいいだスね。

山ぞいの道は
A×3.14÷2
B×3.14÷2
C×3.14÷2
D×3.14÷2
E×3.14÷2
をたせばいいだス。

つまり、どっちの道も
(A＋B＋C＋D＋E)×3.14÷2
となるから、同じ長さなんだスー！

11. 円周の和

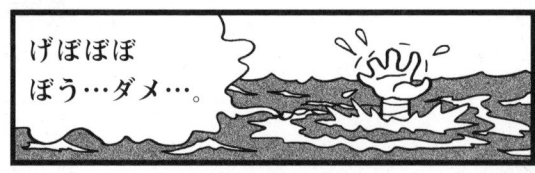

11. 円周の和

入試問題に挑戦!! 円周の和

> **⊕ ココを押さえておこう！⊕**
> - 外側の円と内側の円の円周
>   右の図で，
>   外側の円の円周
>   ＝内側の円の円周の和

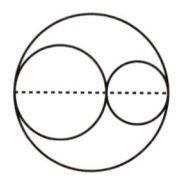

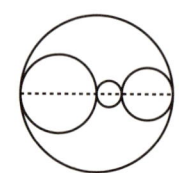

1 外側の円と内側の円の円周の和

右の図のかげをつけた部分の周りの長さを求めなさい。ただし，円周率は3.14とします。

〈東京純心女子中〉

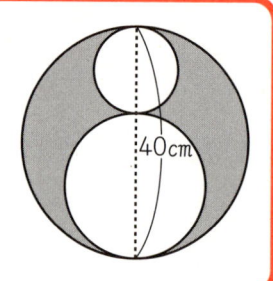

解き方 ▶▶▶

- 外側の円の円周は，
  40×3.14 (cm)
- 内側の2つの円の円周の和は，外側の円の円周に等しいから，
  40×3.14 (cm)
- かげをつけた部分の周りの長さは，
  $40 \times 3.14 \times 2 = 251.2$ (cm)

答え 251.2cm

解法ポイント
内側の2つの円の円周の和は，外側の円の円周に等しい。

2 半円の弧の長さの和

右の図で，太線の長さは何cmですか。
ただし，図はすべて半円から成り立ち，
円周率は3.14とします。

〈日本大学中〉

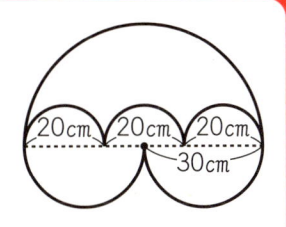

解き方 ▶▶▶

◆ 右の図で，あの半円の弧の長さは，
 $20 \times 3 \times 3.14 \div 2 = 30 \times 3.14$ (cm)

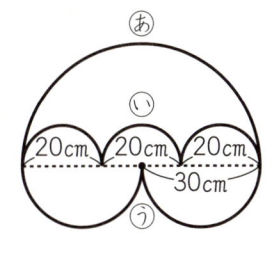

◆ ⓘの半円3つの弧の長さの和は，
 $20 \times 3.14 \div 2 \times 3 = 30 \times 3.14$ (cm)

◆ ⓤの半円2つの弧の長さの和は，
 $30 \times 3.14 \div 2 \times 2$
 $= 30 \times 3.14$ (cm)

◆ 太線の長さは，
 $30 \times 3.14 \times 3 = 282.6$ (cm)

答え 282.6cm

解法ポイント

太線の長さの和は，いちばん大きい半円の弧の長さの3倍にあたる。

第12のナゾ 円柱を登る最短距離
円柱に巻きつく線の長さを求める！

サンとスー，ナッちゃん，そして馬の親子の一行は，いつ出られるとも知れない深く寒い谷間に迷いこんでいた。

さ…，さぶ〜…。

ピョンピョンすればあったかくなるピョ〜ン！

ピョンピョン？

ナッちゃんハナ水〜！

ナ〜…。

この谷の支配者にして ホッピングの天才！ ピョン★ウ〜様だピョ〜ン！	そんな どでかい頭で よくバランス とれるな…。 天才だからピョン！
それより 早くこの谷から ぬけ出したいだス…。	だったら あの塔に登らなければ だめピョン！
でも，ただでは 登らせてあげない ピョ〜ン！ 金でも 取るのか？	ノ〜ン！ ウ〜みたいにホッピングに 乗ったまま登らなければ だめピョ〜ン！ できるわけ ねえじゃん！	ひとりでも いいから ホッピングで 登るピョ〜ン！

12. 円柱を登る最短距離

12. 円柱を登る最短距離

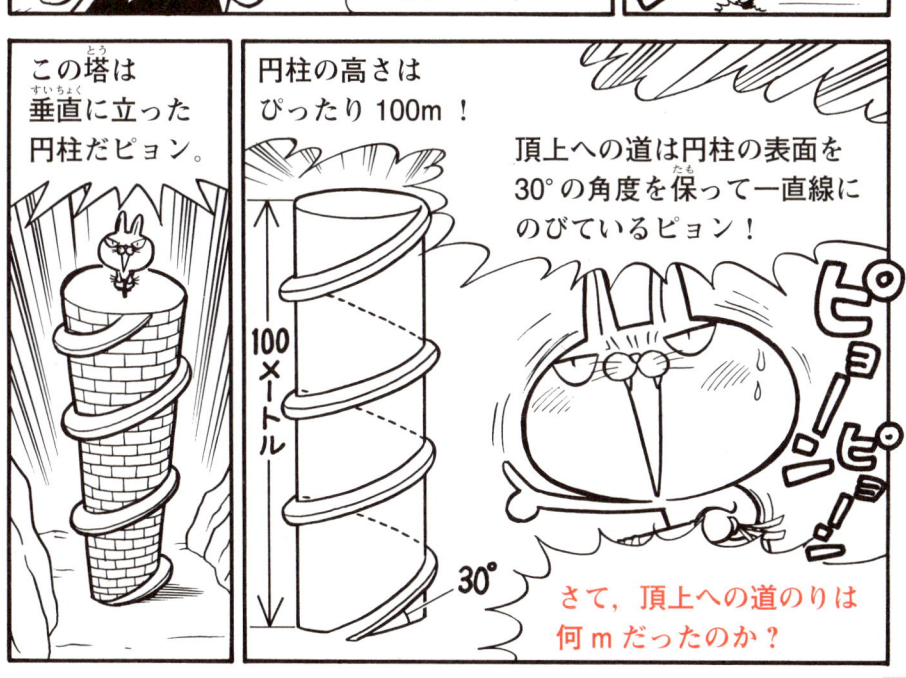

ななっ,ナンでなのナ〜?

ピョン★ウ〜はクリアする前にとぶのをやめたら爆発すると言うだス!

頂上に着いたらクリアじゃねーの?

そうとは限らないだス!

ちっ よくも気づいたピョ〜ン!

何をクリアするのナ〜?

この塔は垂直に立った円柱だピョン。

円柱の高さはぴったり100m!

100メートル

30°

頂上への道は円柱の表面を30°の角度を保って一直線にのびているピョン!

さて,頂上への道のりは何mだったのか?

12. 円柱を登る最短距離

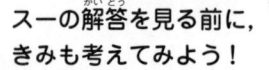

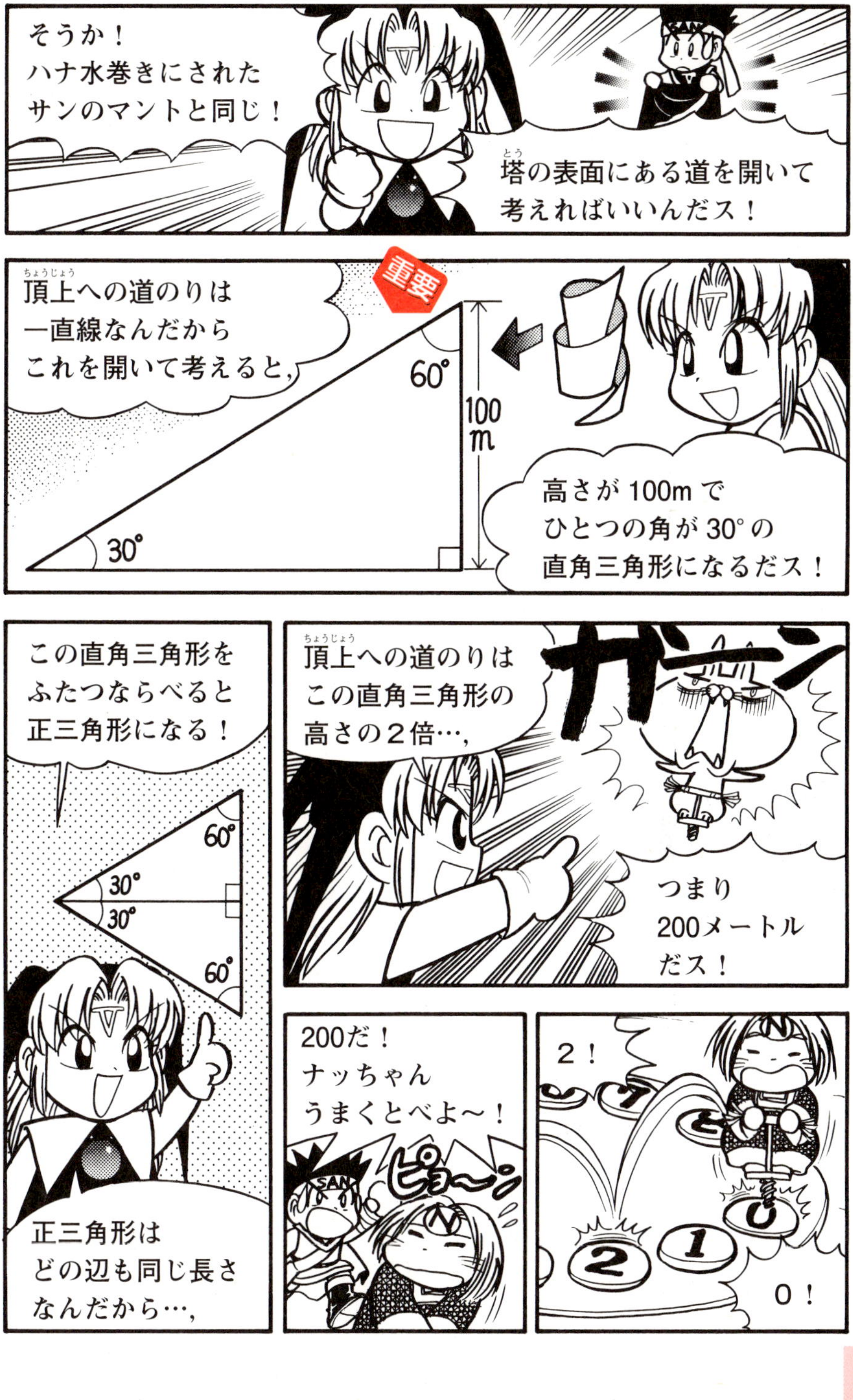
そうか！
ハナ水巻きにされた
サンのマントと同じ！
塔の表面にある道を開いて
考えればいいんだス！
重要
頂上への道のりは
一直線なんだから
これを開いて考えると，
60°
100m
30°
高さが 100m で
ひとつの角が 30° の
直角三角形になるだス！
この直角三角形を
ふたつならべると
正三角形になる！
60°
30°
30°
60°
正三角形は
どの辺も同じ長さ
なんだから…，
頂上への道のりは
この直角三角形の
高さの２倍…，
ガーン
つまり
200メートル
だス！
200だ！
ナッちゃん
うまくとべよ～！
SAN
ピョ～ン
2！
2
1
0
0！

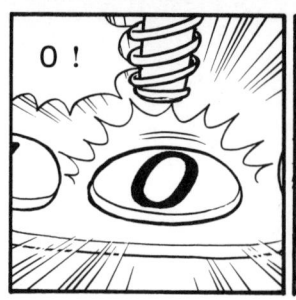

12. 円柱を登る最短距離

入試問題に挑戦!! 円柱を登る最短距離

ココを押さえておこう!

- **特別な直角三角形の辺の長さ**

  右の図のような30°, 60°の直角三角形では, $a:b=2:1$

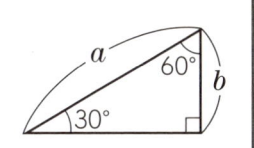

- **円柱の側面上にまきつけた糸**

  円柱の側面の2点間が最短になるように糸をまきつけたとき, 側面の展開図では, 2点を結ぶ直線になる。

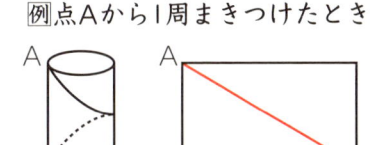

  例 点Aから1周まきつけたとき

1 特別な直角三角形の面積

右の三角形の面積を求めなさい。

〈聖心女子学院中〉

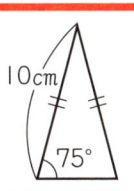

解き方 ▶▶▶

- 右の図で, 角BAC=180°−75°×2=30°
  角AHC=90°, 角ACH=180°−(30°+90°)
  =60° だから, AC:CH=2:1 より
  CH=10÷2=5(cm)

- 三角形ABCの面積は,
  10×5÷2=25(cm²)

答え 25cm²

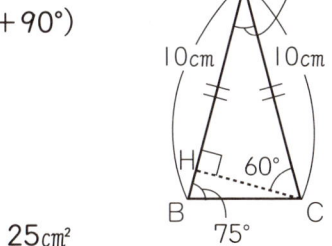

解法ポイント

三角形ABCで, 辺ABを底辺としたときの高さを求める。

円柱を登る最短距離

2　円柱にまきつけた糸の長さ

右の図のように，2つの円柱(ア)，(イ)があります。(ア)の底面の半径は5cm，高さABは20cmです。(イ)の底面の半径は10cm，高さCDは20cmです。図のように，円柱(ア)はAからBまで，円柱(イ)はCからDまで，それぞれ側面に糸を最も短くなるようにまきつけました。このとき，円柱(ア)にまきつけた糸の長さを$a$cm，円柱(イ)にまきつけた糸の長さを$b$cmとすると，$\frac{b}{a}$はいくつになりますか。ただし，円周率は3.14とします。

〈江戸川女子中〉

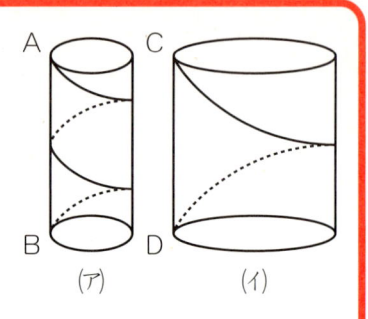

解き方▶▶▶

◆ 右の図は，円柱の側面の展開図に，糸をまきつけたようすを表したものである。円柱(ア)には糸を2まわりまきつけているので，展開図上では，糸はABの真ん中の点を通る2本の直線になる。

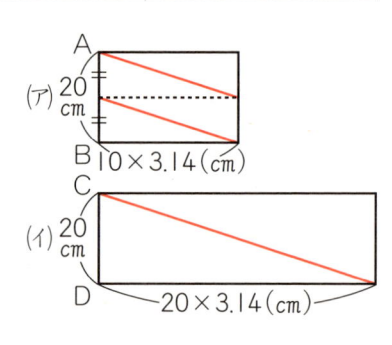

◆ (ア)と(イ)の糸の長さは等しいから，$\frac{b}{a} = 1$

答え 1

解法ポイント

円柱の側面の展開図に，まきつけた糸のようすをかき入れてみる。

3 円柱への紙のまきつけ

図1の三角形の紙を図2の円柱の缶にまきつけると，ちょうど2周して点Bが点Cのところにきました。

(1) 図3は缶の側面の展開図です。この図に辺ABをかき入れなさい。

(2) 缶の側面で，紙がまきついていない部分の面積を求めなさい。

〈熊本マリスト学園中〉

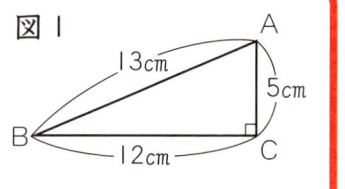

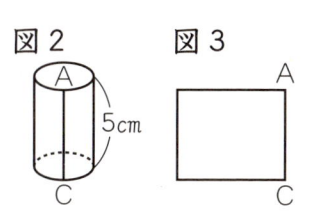

解き方 ▶▶▶

(1)◆ 缶に紙を2周まきつけるから，図4のように，ABは展開図上では，ACの真ん中の点Mを通る2本の直線になる。

(2)◆ 缶に紙がまきついていない部分は，図5のかげをつけた部分である。

AA′＝12÷2＝6(cm)

A′M′＝5÷2＝2.5(cm)

ゆえに，紙がまきついていない部分の面積は，

6×2.5÷2＝7.5(cm²)

答え (1) 上の図4の赤い直線　(2) 7.5cm²

解法ポイント

ABは，ACの真ん中の点を通る。

第13のナゾ 円すいのふしぎな性質

円すいに巻きつく線の長さを求める！

「知の秘宝」を手に入れるため，先を急ぐサンとスーだったが，突然の暴風雨に見まわれ，またもやナッちゃんとはぐれてしまった。

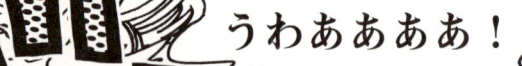

うわああああ！

ナッちゃ〜ん！

ナッちゃんどこにもいない…。

水が引かないと身動きがとれないだスな。

> **マメ知識** ▶ 立体図形で，空間の一点から放射状にのびる直線によってできるものを「すい体」という。このうち，底面が円形のものを円すい，四角形のものを四角すいという。

13. 円すいのふしぎな性質

13. 円すいのふしぎな性質

13. 円すいのふしぎな性質

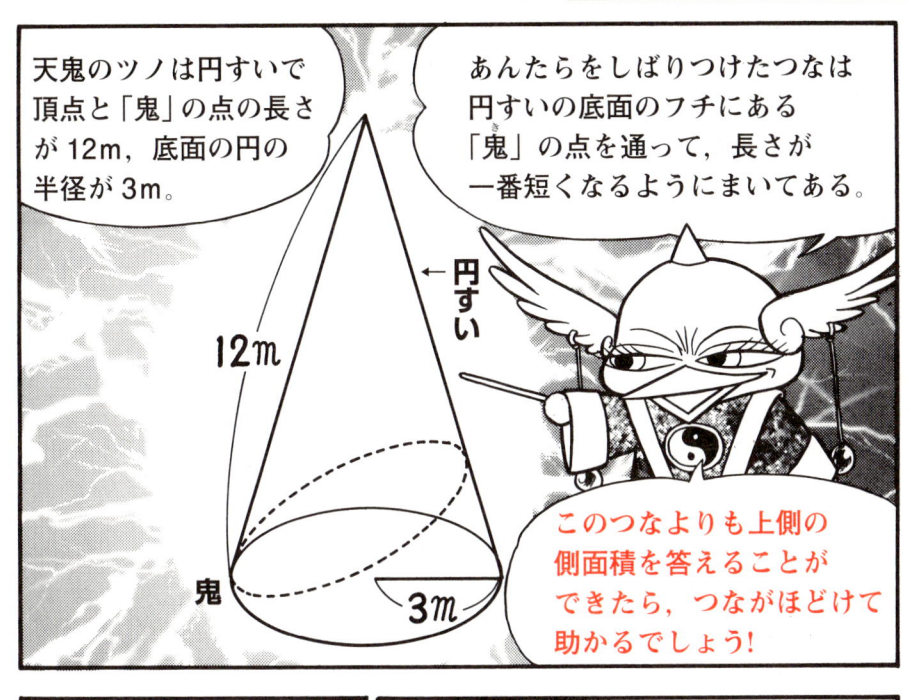

天鬼のツノは円すいで頂点と「鬼」の点の長さが12m，底面の円の半径が3m。

あんたらをしばりつけたつなは円すいの底面のフチにある「鬼」の点を通って，長さが一番短くなるようにまいてある。

←円すい
12m
鬼
3m

このつなよりも上側の側面積を答えることができたら，つながほどけて助かるでしょう！

でも「気絶確率100％」だからムダでしょ〜！

「鬼」の点を通って一番短い長さでつながまいてある…。

確率の問題じゃないだべさ…

ちくしょ〜〜。

くやしい確率100％でしょう。

問題の意味がさっぱりわかんねえ！

アホ確率120％でしょ〜〜〜〜っ！

次のページを読む前に，きみも答えを考えてみよう！

13. 円すいのふしぎな性質

きききき……もうすぐ
かみなりに打たれて,
まっぷたつになるでしょう!!

うひいい～～っ。

お天鬼姉さん
今,何て言っただス？

まっぷたつに
…なるでしょう…。

そうか!

円すいを
頂点と「鬼」の点を結ん
だ線で,まっぷたつに
切り開いてみると
いいんだス!!

円すいを切り開くと
おうぎ形になるだス!

重要

鬼 ←------→ 鬼'

つなは一番短い長さで
まかれているから,
鬼と鬼'を結ぶ直線に
なるだス。

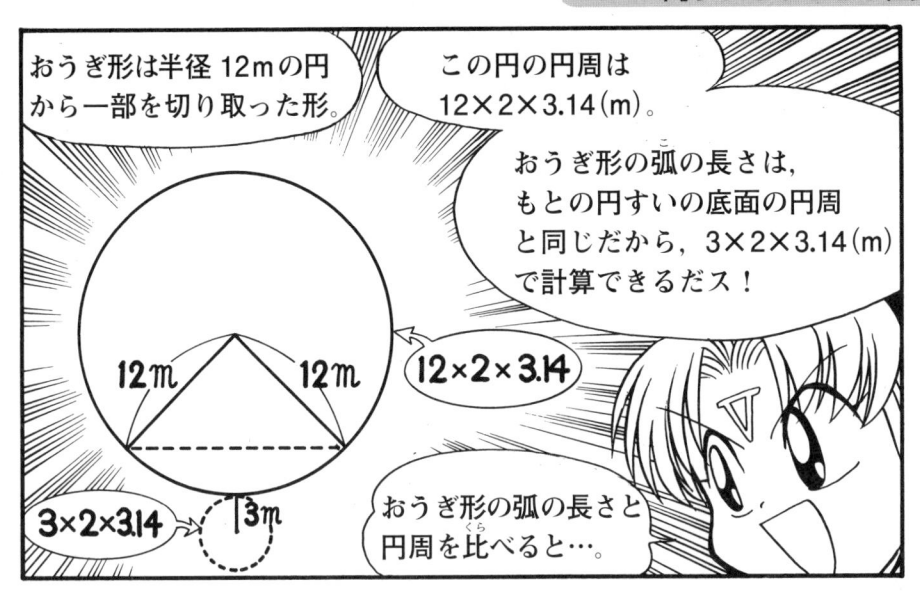

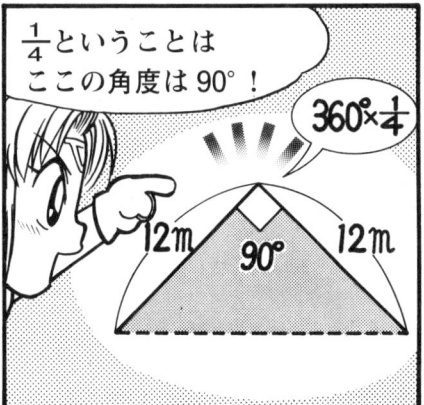

13. 円すいのふしぎな性質

おうぎ形は半径12mの円から一部を切り取った形。

この円の円周は 12×2×3.14(m)。

おうぎ形の弧の長さは，もとの円すいの底面の円周と同じだから，3×2×3.14(m)で計算できるだス！

12×2×3.14

3×2×3.14

おうぎ形の弧の長さと円周を比べると…。

弧の長さ ⇨ $\frac{3×2×3.14}{12×2×3.14} = \frac{3}{12} = \frac{1}{4}$
円周 ⇨
だから，

このおうぎ形は，ちょうど円の$\frac{1}{4}$だス！

$\frac{1}{4}$ということはここの角度は90°！

360×$\frac{1}{4}$

つまり円すいのつなから上は底辺12m・高さ12mの直角三角形！！

12×12÷2＝72(m²)！！

つなより上の側面積は72m²だス～～！

13. 円すいのふしぎな性質

ほ…ほどけた～！

確率 100％ だったのにぃ～。

天気予報は はずれることも あるんだス！

お天鬼姉さんはかみなりに打たれた！

おおっ 天鬼のツノが…！

な…ナッちゃん！

会いたかったのナ～。

天鬼のツノからナッちゃんが現れた！ 雷に打たれても無事なナッちゃん。不死身なのだろうか…。

124

入試問題に挑戦!! 円すいのふしぎな性質

⊕ ココを押さえておこう！⊕

- **円すいの展開図**

  側面のおうぎ形の中心角
  $= 360° \times \dfrac{\text{底面の半径}}{\text{母線}}$

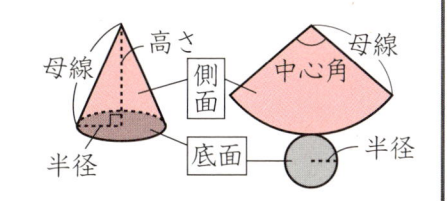

- **円すいの表面上の最短距離**

  円すいの表面上の最短距離は，側面の展開図では，2点を結ぶ直線になる。

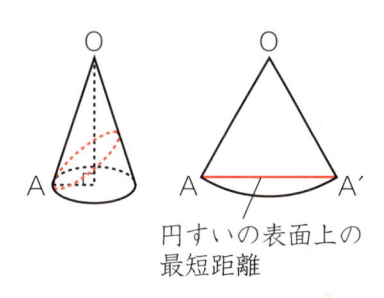

1 円すいの展開図

右の図は，円すいの展開図です。図のように，半径の長さがそれぞれ3cm，5cmであるとき，⑦の部分の角度を求めなさい。 〈鎌倉女子大中〉

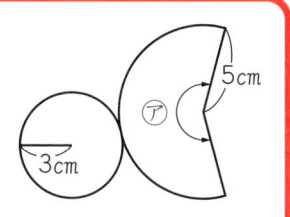

解き方 ▶▶▶

◆ 母線が5cm，底面の半径が3cmの円すいだから，

側面のおうぎ形の中心角は，$360° \times \dfrac{3}{5} = 216°$

答え 216°

解法ポイント

展開図から，母線の長さと底面の半径を読みとる。

円すいのふしぎな性質

2 円すいの表面上の最短距離

右の図のような，頂点Pと底面の円周上の点Aのあいだの長さが30cmである円すいがあります。点Aから側面を1周してAにもどってくる線のうちで，最も短くなる線の長さが30cmでした。このとき，底面の円の半径を求めなさい。ただし，円周率は3.14とします。

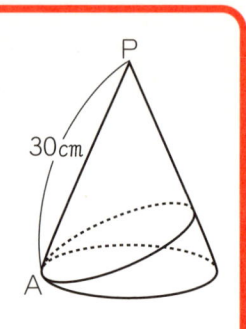

〈獨協埼玉中〉

解き方 ▶▶▶

◆ 右の展開図で，
PA＝PA′＝30(cm)

◆ 点Aから側面を1周してAにもどってくる線のうちで，最も短い線は，直線AA′で，30cm

◆ 三角形PAA′は正三角形だから，側面のおうぎ形の中心角は60°

◆ 底面の半径は，
$30 \times \dfrac{60}{360} = 5$(cm)

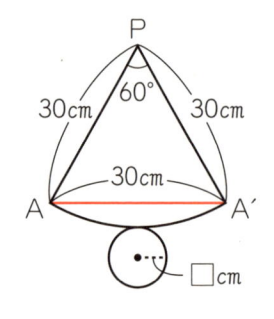

答え 5 cm

解法ポイント

円すいの展開図をかくと，側面の三角形PAA′の性質から，おうぎ形の中心角がわかる。

3 円すいの表面上にかけた糸の最短の長さ

右の図は、頂点がA、底面の直径BC＝12cm、AC＝18cmの円すいです。いま、点Bから円すいの側面を長さが最も短くなるように、AC上の点Pを通って点Bまで糸を1まきさせます。このとき、APは何cmになりますか。ただし、円周率は3.14とします。

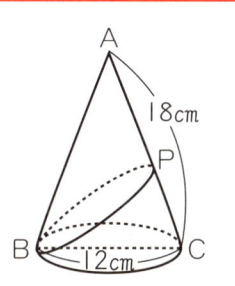

〈江戸川女子中〉

解き方 ▶▶▶

◆ 右の展開図で、底面の半径は、
  12÷2＝6(cm)　だから、
  側面のおうぎ形の中心角は、
  $360° \times \dfrac{6}{18} = 120°$

◆ 直線BB'が最短の糸の線になる。
  点PはBB'の真ん中の点だから、
  三角形ABPは、角APB＝90°、角BAP＝120°÷2＝60°
  角ABP＝180°－(90°＋60°)＝30° の直角三角形である。

◆ AB：AP＝2：1　より、AP＝18÷2＝9(cm)

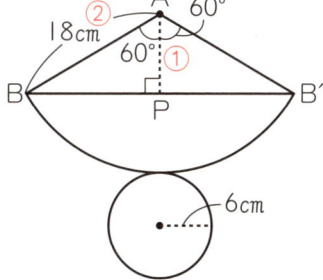

答え　9 cm

> **解法ポイント**
> 展開図で、三角形ABPは90°、60°、30°の特別な直角三角形であることを利用して、APの長さを求める。（➡115ページ）

第14のナゾ 一筆がきができる図形
一筆がきができる図形の見分け方

魔物王が守る「知の秘宝」を追うサンとスーの一行は、魔物王の子分によって行く手をはばまれていた！

お天鬼姉さんを たおすとは、なかなか だガリリ〜ン…。

ひとふで餓鬼！見参！！

書道の天才だ ガリリ〜ン！

栄養状態が悪いのか？

何だか 弱そうな魔物。

ガリリ〜ン

14. 一筆がきができる図形

14. 一筆がきができる図形

14. 一筆がきができる図形

カベに4つの書が
かかっている。

その中で
**どれが○でどれが×かを
当てるガリ～ン！**

○とか×とかって
何なんだよ～っ？

名前…，
何だったっけ？

あ…。

ひとふで餓鬼！

もしかして「一筆がき」が
できるのが○で
できないのが×だスか？

ガリリ～ン！

それなら
そう言えよ！

スーの解答を見る前に，きみも考えてみよう！

131

14. 一筆がきができる図形

どんどん墨汁が満杯になるガリリ～～～～ン！

うぷぷっ！

まちがって答えたらいっきに墨汁がふえてすぐにおぼれるガリ～ン！

これは×だな！

どうしてなのナ～？

いかにも難しそうじゃん！

アホなのナ～ッ！

何だよお～。ナッちゃんも電気ムチも役立たずのくせによお～。

ムチ…

ちょっとかして！

一筆ってことは一本のロープでもかける…。

入って出て…入って…。

そうか！
一筆がきには
決まったパターンが
あったんだス！
パターン？
一筆がきができるかどうかは
線が交わる点，つまり交点に
集まっている線の数でわかる
だス！
この一筆がきができる図形は
交点に集まる線の数がどこも
偶数本！
2
4
4
2
4
2
交点に集まる線の数がどこも
偶数本ならどこからかき始め
ても一筆でかけるだス！
こいつはここが奇数
だけど○なのナ～？
2
3
3
2
そう！
奇数本の交点が2か所なら，
どちらかを出発点にして
その片方を終点にすれば，
一筆がきできるだス！
3
2
3
2
重要
一筆がきできないのは
奇数本の交点が3か所以上
ある場合！
3
3
4
3
2
3
2
3
3
3
3
というごとは…。

14. 一筆がきができる図形

入試問題に挑戦!! 一筆がきができる図形

⊕ ココを押さえておこう！⊕

● **一筆がき**

次のどちらかの場合にだけ，一筆がきができる。

・それぞれの点に集まる線の数が，
① 偶数だけのとき　　② 奇数の点が2つのとき

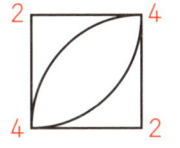

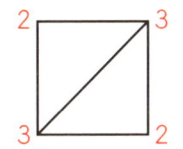

1 一筆がきを始める点

右の図形は一筆がきができますか。できると答えた人は，どの点から始めればよいですか。考えられる点をすべて答えなさい。

〈京都学園中・改〉

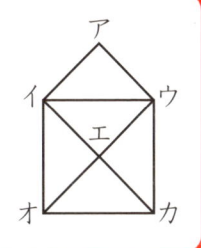

解き方 ▶▶▶

◆ 右の図のように，集まっている線の数をかきこんだとき，奇数の点が2つある図形では，奇数の点からかき始めると，一筆がきができる。

答え 一筆がきができる，オとカ

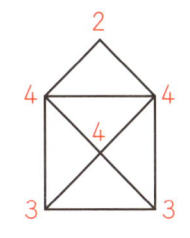

解法ポイント

集まっている線の数を調べて奇数の点が2つある図形では，奇数の点からかき始めると，別の奇数の点が終点になる。

135

一筆がきができる図形

2 一筆がきができる図形とできない図形

下のア〜エのうちで，一筆がきができないものを選んで記号で答えなさい。 〈多摩大目黒中〉

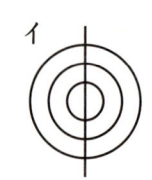

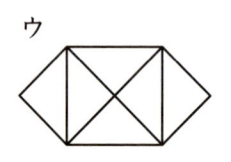

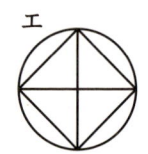

ア　　イ　　ウ　　エ

解き方 ▶▶▶

◆ それぞれの点に集まる線の数を図形にかきこむと，

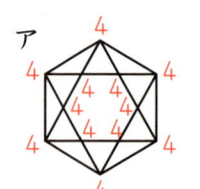

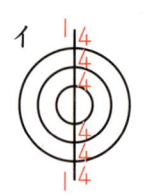

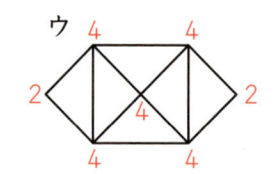

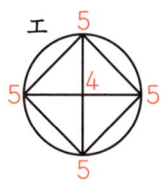

◆ ア…すべて偶数の点 ➡ 一筆がきができる
　イ…奇数の点が２つ ➡ 一筆がきができる
　ウ…すべて偶数の点 ➡ 一筆がきができる
　エ…奇数の点が４つ ➡ 一筆がきができない

答え エ

解法ポイント
それぞれの点に集まる線の数を図形にかきこんで，一筆がきができる図形の条件にあてはまっているかを考える。

3 一筆がきでかく場合の数

右の図を，点Pから一筆がきでかく方法は何通りありますか。

〈本郷中〉

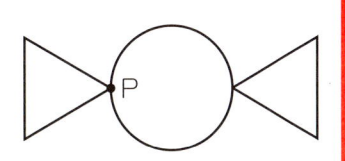

解き方 ▶▶▶

◆ 右の図のように，
P→左側の三角形の周→P→半円周→右側の三角形の周→半円周→P
と，1度通った道を通らないで進む方法は，
  2×2×2＝8（通り）

◆ P→半円周→右側の三角形の周→半円周→P→左側の三角形の周→P
と，進む方法も8通りあるから，全部で，
  8＋8＝16（通り）

答え 16通り

解法ポイント

点Pから最初に三角形を回る場合と，最後に三角形を回って点Pへもどってくる場合の2通りある。また，三角形の周と半円周の進み方は，時計回りと反時計回りの2通りずつある。

第15のナゾ すい体の体積
四角すいの体積の求め方のひみつ

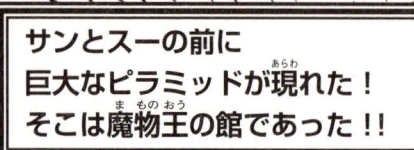

サンとスーの前に
巨大なピラミッドが現れた！
そこは魔物王の館であった！！

あれが魔物王の館なのナ～！

ついにここまで来ただスか。

中に入って見るのナ～！

え？大丈夫かよ。

だれもいない。

15. すい体の体積

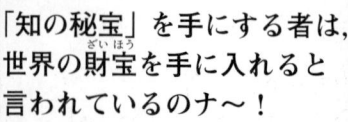

15. すい体の体積

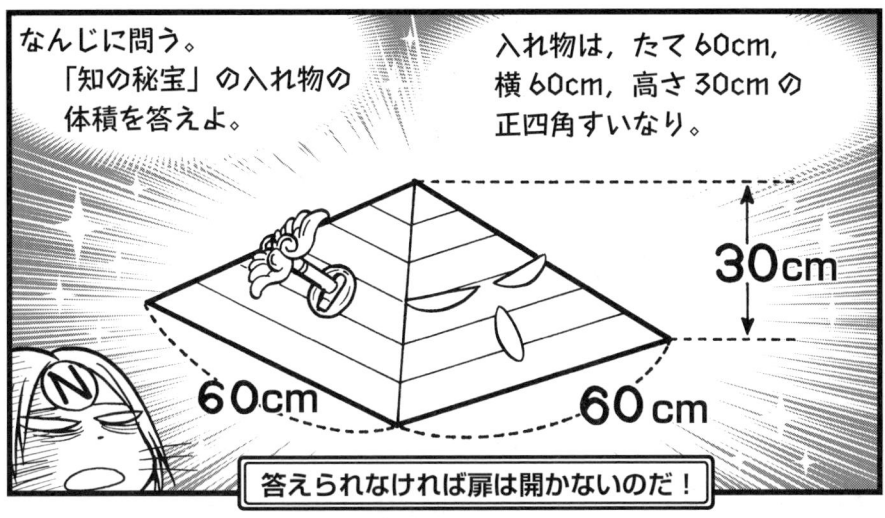

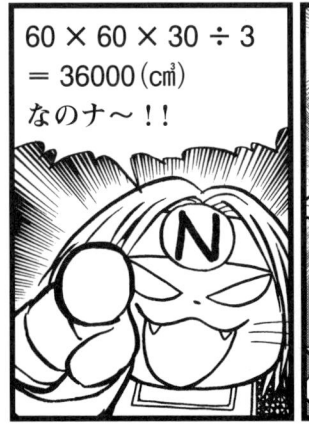

15. すい体の体積

なんじに問う。
「知の秘宝」の入れ物の体積を答えよ。

入れ物は，たて60cm，横60cm，高さ30cmの正四角すいなり。

30cm
60cm
60cm

答えられなければ扉は開かないのだ！

四角すいの体積を答えるんだスな。

オレには無理だからナッちゃんにも解けないよな？

気楽なもんだな，サン…。

ナハハハハ
かんたんなのナ！

四角すいの体積は
たて×横×高さ÷3
だから，

60 × 60 × 30 ÷ 3
＝ 36000 (cm³)
なのナ～!!

正解！

やったのナ～！

では，さらに問う。

えっ!?

141

15. すい体の体積

四角すいの体積は
たて×横×高さ÷3
で求められるが,

なぜ,
3で割るのか
答えよ!!

そ,そんなの
知らないのナ～!

答えられない者は…。

四角すいの
積み木にうもれて
滅びるのだ!!

いててて!

どんどん
降ってくるだス～!

切っても切っても
ダメだぜ～。

この四角すいを
重ねて切って…。

こんにゃろ
こんにゃろ!

そうか,
わかっただス!

ナ～～～～ッ!!

魔物王は滅びた…。

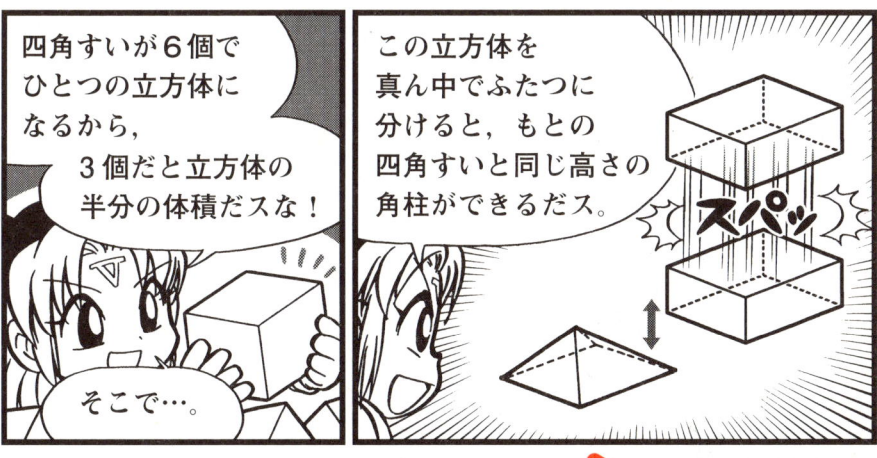

15. すい体の体積

この四角すいを6個集めて、上下左右からくっつけると、たてと横の長さが同じ長さの立方体ができるダス！

カシーン

四角すいが6個でひとつの立方体になるから、3個だと立方体の半分の体積ダスな！

そこで…。

この立方体を真ん中でふたつに分けると、もとの四角すいと同じ高さの角柱ができるダス。

スパッ

つまり…！

この角柱は四角すいの3つ分の体積と同じだから、この角柱の体積を3で割れば、四角すいの体積になるんダス！

重要

ご名答！

「知の秘宝」を授けよう！

なるほど！　3で割る理由がわかったよ！！

143

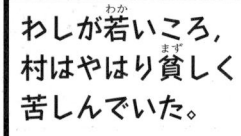

15. すい体の体積

15. すい体の体積

それからわしは村に帰り,知恵と勇気をふりしぼって村を再建した。

しかし,わしも年をとった…。今度はお前たちが,力をふるう番じゃ!

つまり,「知の秘宝」を手に入れる冒険こそが,知恵と勇気を持って難問に立ち向かうことが宝物だと教えてくれるものだったんだスな!!

その通りじゃ!

よし村に帰ろう!

「知の秘宝」を身につけたサンとスーは,ふるさとに向かって足をふみ出した。その先には未来への希望がかがやいていたのだった。

★読者のみんなも,知恵と勇気をもって,入試問題に立ち向かうだス!

入試問題に挑戦!! すい体の体積

⊕ ココを押さえておこう！⊕

- **角柱・円柱の体積**

  角柱・円柱の体積
  ＝底面積×高さ

- **角すい・円すいの体積**

  角すい・円すいの体積
  ＝底面積×高さ×$\frac{1}{3}$

  （底面積×高さ → 角柱・円柱の体積）

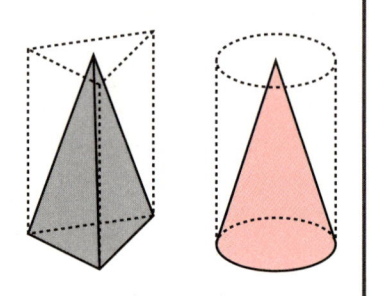

1 角すいの体積

右の図のような投影図で表される立体の体積は何 cm³ ですか。

〈横浜富士見丘学園中〉

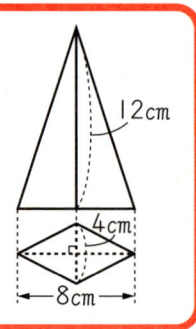

解き方 ▶▶▶

- この立体は，底面がひし形で，高さが12cmの四角すいである。
- 底面積は，4×8÷2＝16（cm²）

  高さは12cmだから，

  体積は，16×12×$\frac{1}{3}$＝64（cm³）

答え 64cm³

解法ポイント

この立体の底面は，対角線が4cmと8cmのひし形である。

2　円柱から円すいをくりぬいた立体の体積

　右の図のように，円柱から3つの円すいをくりぬいたとき，残った立体の体積を求めなさい。ただし，円周率は3.14とします。

〈日本大豊山中〉

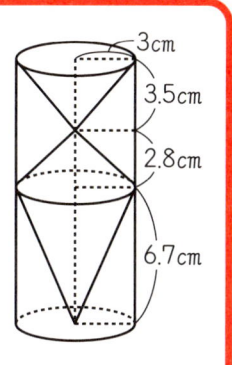

3cm
3.5cm
2.8cm
6.7cm

解き方▶▶▶

◆　円柱の体積は，

$3 \times 3 \times 3.14 \times (3.5+2.8+6.7) = 117 \times 3.14$ (cm³)

◆　3つの円すいの体積の和は，

$3 \times 3 \times 3.14 \times 3.5 \times \dfrac{1}{3} + 3 \times 3 \times 3.14 \times 2.8 \times \dfrac{1}{3}$

$+ 3 \times 3 \times 3.14 \times 6.7 \times \dfrac{1}{3}$

$= 3 \times 3 \times 3.14 \times (3.5+2.8+6.7) \times \dfrac{1}{3}$

$= 39 \times 3.14$ (cm³)

◆　求める立体の体積は，

$117 \times 3.14 - 39 \times 3.14 = (117-39) \times 3.14 = 244.92$ (cm³)

答え 244.92 cm³

解法ポイント

1つの式の中に，×3.14が共通しているので，計算のきまり（分配の法則）を利用すると，計算がラクになる。

すい体の体積

3 立方体の一部を切り取った立体の体積

1辺が12cmの立方体から2つの立体を切り取った右の図のような立体があります。点A，B，Cはそれぞれ，もとの立方体の辺の真ん中の点です。この立体の体積を求めなさい。

〈昭和学院秀英中〉

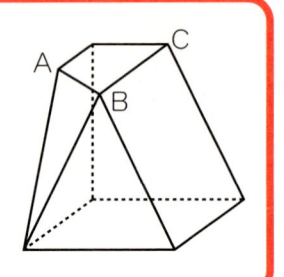

解き方 ▶▶▶

◆ この立体は，右の図のように，立方体から三角すいと三角柱を切り取った立体である。

◆ AD＝DB＝BE＝12÷2＝6(cm)

◆ 三角すいの体積は，

$(6×6÷2)×12×\frac{1}{3}=72$ (cm³)

三角柱の体積は，

$(12×6÷2)×12=432$ (cm³)

立方体の体積は，

$12×12×12=1728$ (cm³)

◆ 立体の体積は，

$1728-(72+432)=1224$ (cm³)

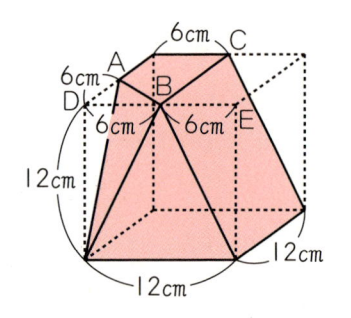

答え 1224 cm³

解法ポイント

切り取った立体を復元した見取図をかいて，考える。

サンとスーの秘伝(ひでん)の書

『図形を解くコツ』5か条

サンとスーの秘伝の書

『図形を解くコツ』5か条

その1

補助線を引くべし！

補助線とは，図形の問題を解くとき，答えを導き出すために図形にかき入れる直線のこと。補助線を1本引くことによって，たちまち，知っている図形がうかび上がるのだ！

例　P115の問題①

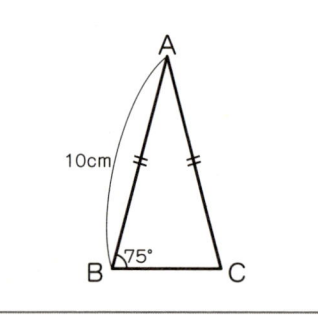

三角形ABCの面積は？ → 直角三角形になるように，補助線CHを引くと…。

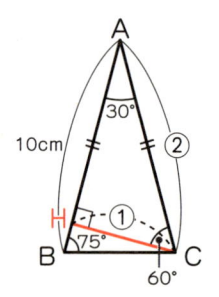

角Aが，180°－75°×2＝30°になることから，直角三角形AHCをつくることを考える。

30°，60°の直角三角形の辺の長さの比を利用すると，ABを底辺としたときの高さCHの長さがわかる。

150

秘伝

この直角三角形のaとbの辺の比は，2：1だよ！

直角三角形を利用するんだ

★ 解いてみよう！

赤い色をつけた部分の面積を求めなさい。

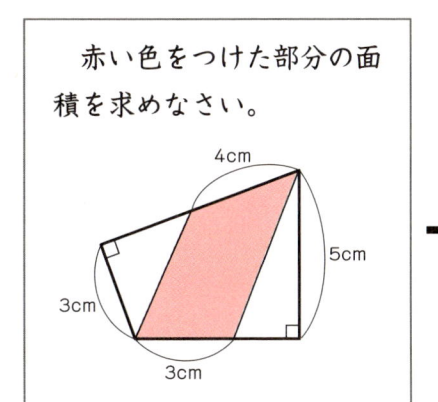

対角線によって，2つの三角形に分けると…。

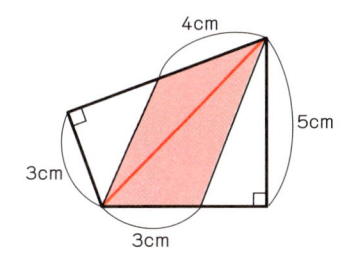

赤い色をつけた部分の面積は，底辺3cm，高さ5cmの三角形と，底辺4cm，高さ3cmの三角形の面積の和だから，

$3 \times 5 \div 2 + 4 \times 3 \div 2 = 7.5 + 6 = 13.5$ （cm²）

答え 13.5cm²

サンとスーの秘伝の書

『図形を解くコツ』5か条

その2

余分な線を消して考えるべし！

　たくさんの線が引かれている図では，線にまどわされて，解き方がなかなか見つからないことがある。そんなときには，「その1　補助線を引くべし！」とは反対に，頭の中で余分な線を消して考えるのだ！

例　P87の問題①

斜線部分の面積の合計は，正六角形の面積の何倍？

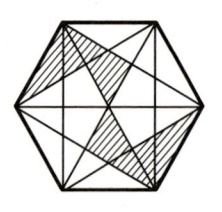

→

余分な線を消すと…。

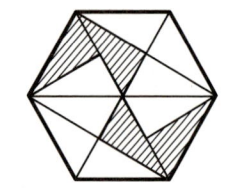

　斜線部分の直角三角形を2つ合わせると，正六角形を6等分した正三角形になることがわかる。

> やたらめったら線を消せばいいってわけじゃないだス!!

★ 解いてみよう！

同じ大きさの正三角形が8つ並んでいます。角 x の大きさを求めなさい。

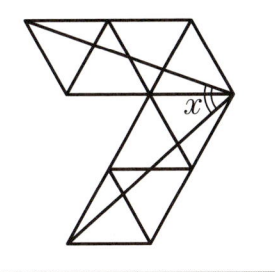

余分な線を消すと…。

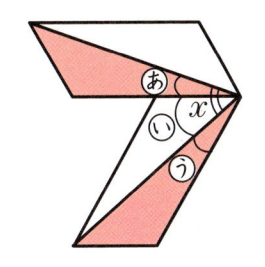

→

赤い色をつけた2つの三角形は合同だから，角あ＝角う

角 x ＝角あ＋角い＝角う＋角い＝ 60°

答え 60°

サンとスーの秘伝の書

『図形を解くコツ』5か条

その3

図を見る向きを変えて考えるべし！

問題文にある図をそのままの向きで見るのではなく，横にしてみたり，上下をさかさまにしてみたりすると，解き方がひらめくことがあるのだ！

例 P33の問題②

三角形ABEと三角形EBDの面積の比は？

DAが水平になるように図を回転させると…。

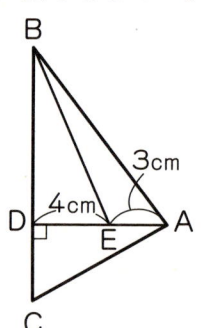

三角形ABEと三角形EBDは高さが等しいので，面積の比は，底辺の比に等しく3：4

秘伝

自分が回るんじゃなくて，用紙を回すダス！

ぐるぐる

★ 解いてみよう！

三角形 ABC の面積を求めなさい。

DB が水平になるように，図を回転させると…。

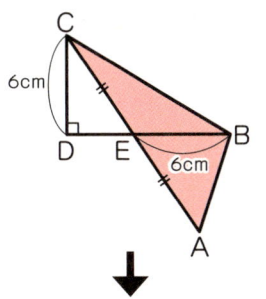

CA が水平になるように，図を回転させると…。

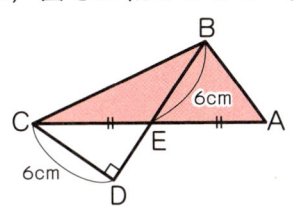

三角形 BCE は，底辺 EB = 6cm，高さ CD = 6cm だから，面積は，
$6 × 6 ÷ 2 = 18 (cm^2)$

三角形 BCE と三角形 BEA は底辺と高さが等しいので，面積も等しい。

したがって，三角形 ABC の面積は，
$18 + 18 = 36 (cm^2)$

答え　$36 cm^2$

155

サンとスーの秘伝の書 『図形を解くコツ』5か条

その4

3.14のある計算では分配法則を利用すべし！

1つの式の中に3.14など，共通の数がある計算では，分配の法則を利用すると，めんどうな計算がラクにできるのだ！

〔分配の法則〕（●＋▲）×■＝●×■＋▲×■
　　　　　　（●－▲）×■＝●×■－▲×■

例　P69の問題①

犬が動ける範囲の面積を求める式の計算

$$9 \times 9 \times 3.14 \times \frac{300}{360} + 3 \times 3 \times 3.14 \times \frac{120}{360} \times 2$$

例えば，この式の前半部分を1つずつ計算していくと，

$$9 \times 9 \times 3.14 \times \frac{300}{360} = 81 \times 3.14 \times \frac{5}{6} = 254.34 \times \frac{5}{6}$$

$$= \frac{25434}{100} \times \frac{5}{6} = \frac{4239}{20} = 211\frac{19}{20}$$

と，時間がかかるとんでもない計算になる。

そこで，この式には 3.14 という共通の数があることに目をつけ，分配の法則を利用する！

$$9 \times 9 \times 3.14 \times \frac{300}{360} + 3 \times 3 \times 3.14 \times \frac{120}{360} \times 2$$

秘伝

すると，
$= (9 \times 9 \times \dfrac{5}{6} + 3 \times 3 \times \dfrac{1}{3} \times 2) \times 3.14 = (67.5 + 6) \times 3.14$
$= 73.5 \times 3.14 = 230.79$
と，×3.14の計算を最後に1回だけすればよいことになり，計算がラクになる上，計算ミスの可能性(かのうせい)も低くなる。

★ 解いてみよう！

$16 \times 9 \times 3.14 - 8 \times 12 \times 3.14 + 2 \times 3.14$　を計算しなさい。

$16 \times 9 \times \underline{3.14} - 8 \times 12 \times \underline{3.14} + 2 \times \underline{3.14}$
$= (16 \times 9 - 8 \times 12 + 2) \times 3.14$
$= (144 - 96 + 2) \times 3.14 = 50 \times 3.14 = 157$

答え　157

図形の問題といっても，計算力も重要ダス。

なるほど！
計算ミスも防(ふせ)げるし，時間も節約できるぞ！

サンとスーの秘伝の書 『図形を解くコツ』5か条

その5

展開図をかいて考えるべし！

立体の表面積や，立体の表面上の最短距離を求める問題では，見取図ではなく，展開図をかいて考えよ！ 平面にすることで，解き方を思いつくことがよくあるのだ！

例 P127の問題③

円すいの円周上の点Bから，AC上の点Pを通って点Bまで糸をひとまきさせたとき，最短の糸の線は？

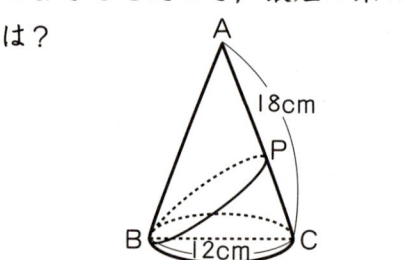

円すいの展開図をかくと…。

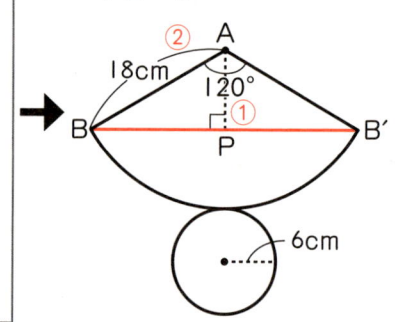

円すいの側面のおうぎ形の中心角は，$360° \times \dfrac{6}{18} = 120°$
直線BB'が最短の糸の線になる。

解いてみよう！

円すいの円周上の点 A から長さが最短になるように糸を巻きつけました。糸より下の側面積を求めなさい。円周率は 3.14 とします。

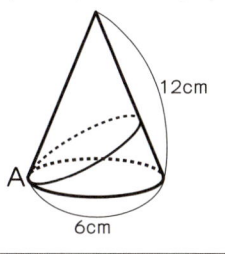

円すいの展開図をかくと…。

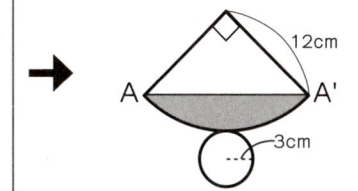

円すいの側面のおうぎ形の中心角は，$360° \times \dfrac{3}{12} = 90°$
直線 AA' が最短の糸の線だから，側面で糸より下の部分（かげをつけた部分）の面積は，
$12 \times 12 \times 3.14 \times \dfrac{90}{360} - 12 \times 12 \div 2$
$= 113.04 - 72 = 41.04 (cm^2)$

答え 41.04cm^2

[協力者]

- ●監修＝式場 翼男（しきば塾 塾長）
- ●まんが＝おがたたかはる＋吉野恵美子
- ●表紙デザイン＝ナカムラグラフ＋ノモグラム
- ●本文デザイン＝(株)テイク・オフ
- ●ＤＴＰ＝(株)明昌堂　データ管理コード：21-1772-0583(CS2／CS3／CC2019)
- ●図版＝たかまる堂・(株)明昌堂

▼この本は下記のように環境に配慮して制作しました。
※製版フィルムを使用しないでCTP方式で印刷しました。
※環境に配慮して作られた紙を使用しています。

中学入試 まんが攻略BON！ 算数 図形 新装版

©Gakken
本書の無断転載、複製、複写(コピー)、翻訳を禁じます。
本書を代行業者等の第三者に依頼してスキャンやデジタル化することは、たとえ個人や家庭内の利用であっても、著作権法上、認められておりません。

Printed in Japan